普通高等教育"十一五"国家级规划教材配套用书
普通高等院校计算机基础教育系列教材·精品系列

C语言程序设计实验教程

(第三版)

傅清平　李雪斌　徐文胜 ◎ 编著

中国铁道出版社有限公司
CHINA RAILWAY PUBLISHING HOUSE CO., LTD.

内 容 简 介

本书是《C 语言程序设计》(第五版)(傅清平、徐文胜、李雪斌编著，中国铁道出版社有限公司出版)的配套实验指导用书，包括配套主教材中的各章要点总结归纳、随章节教学进度的上机实验指导、习题分析解答、典型例题选讲、Visual C++ 2010 的上机过程、模拟试题等内容。

本书讲解透彻、由浅入深、题型多样、题量丰富，既重视理论知识的讲授，更强调上机实践能力的提高，为读者学习 C 语言提供了更多的帮助。全书自成体系，可以单独使用，既适合作为普通高等院校 C 语言程序设计课程的教学参考书，又可作为等级考试辅导用书及培训教材。

图书在版编目（CIP）数据

C语言程序设计实验教程/傅清平，李雪斌，徐文胜编著. —3版. —北京：中国铁道出版社有限公司, 2023.2（2024.1重印）
普通高等教育"十一五"国家级规划教材
ISBN 978-7-113-29928-6

Ⅰ.①C… Ⅱ.①傅… ②李… ③徐… Ⅲ.①C语言－程序设计－高等学校－教材 Ⅳ.①TP312.8

中国版本图书馆CIP数据核字（2023）第012552号

书　　名：	C 语言程序设计实验教程
作　　者：	傅清平　李雪斌　徐文胜

策　　划：	曹莉群	编辑部电话：	(010) 51873202
责任编辑：	刘丽丽		
封面设计：	尚明龙		
责任校对：	安海燕		
责任印制：	樊启鹏		

出版发行：中国铁道出版社有限公司（100054，北京市西城区右安门西街8号）
网　　址：http://www.tdpress.com/51eds/
印　　刷：三河市燕山印刷有限公司
版　　次：2009年2月第1版　2023年2月第3版　2024年1月第2次印刷
开　　本：787 mm×1 092 mm　1/16　印张：15　字数：363千
书　　号：ISBN 978-7-113-29928-6
定　　价：42.00元

版权所有　侵权必究

凡购买铁道版图书，如有印制质量问题，请与本社教材图书营销部联系调换。电话：(010) 63550836
打击盗版举报电话：(010) 63549461

前　言

　　C 语言是一种非常出色的程序设计语言，被广泛应用于计算机应用程序开发领域和计算机课程的专业教学。国内外许多高校都将 C 语言程序设计列为理工科专业大学生学习编程的首选语言，同时 C 语言也成为全国计算机等级考试二级考试的主考语种之一。

　　本书是《C 语言程序设计》（第五版）（傅清平、徐文胜、李雪斌编著，中国铁道出版社有限公司出版）的配套实验指导用书，主要采用 Code::Blocks 作为开发平台，提供的例题和习题解答的源程序均在 Code::Blocks 下调试通过。

　　本书编者长期从事高校 C 语言课程的教学，亲身感受到学生在学习过程中遇到的各种困难，了解到学生迫切需要一本学习 C 语言编程的辅导用书及参加计算机等级考试的备考复习资料。本书中涵盖了《全国计算机等级考试二级 C 语言程序设计考试大纲（2022 版）》的有关内容。

　　C 语言程序设计是一门实践性很强的基础课程，初学者不妨借鉴"阅读→模仿→改写→设计"的模式来学习 C 语言编程，理论联系实际，通过大量的上机编程训练，逐步掌握 C 语言程序设计的特点，总结经验，进而提高该编程语言的应用能力。

　　全书在内容组织上分为 9 章，前 7 章为配套的《C 语言程序设计》（第五版）的实验辅导内容，每章由 4 节组成。第 1 节是本章的要点总结归纳；第 2 节是精心设计的与教学同步的实验指导，强调了实践性环节的重要性，详细介绍程序的调试方法和技巧，激发学生自主学习的热情；第 3 节是主教材章后习题的详细分析解答；第 4 节是典型例题选讲。内容的安排都是为了鼓励学生多读多练，帮助学生深入理解教材内容，巩固所学基本概念，检验学习成果，为培养良好的程序设计习惯打下基础。第 8 章详细介绍了 Visual C++ 2010 集成开发环境的上机过程，让读者熟悉全国计算机等级考试二级 C 语言的考试环境。第 9 章提供了三套模拟试题供读者进行自测，题型均为计算机等级考试的常考题型，并提供了参考答案，为读者参加各类 C 语言考试做好充分准备。

本书由傅清平、李雪斌、徐文胜编著。其中第1、2、3、8章和第9章的模拟试题（一）由傅清平编写，第4、7章和第9章的模拟试题（三）由李雪斌编写，第5、6章和第9章的模拟试题（二）由徐文胜编写。全书最后由傅清平审核和定稿。

在本书修订和出版过程中，得到了江西师范大学计算机信息工程学院的领导、同事们的关心、支持与建议，家人的理解和支持，在此表示衷心的感谢。特别要感谢本书的前两任主编王声决老师、罗坚老师。中国铁道出版社有限公司的领导和编辑为本书的出版提供了无私的帮助，在此一并表示真诚的感谢！此外，在编写过程中还参考了大量的文献资料，在此谨向这些文献资料的作者表示感谢。

由于时间仓促和水平有限，书中难免有不当和欠妥之处，恳请各位专家、读者不吝批评指正。

编　者

2023年1月

目 录

第1章 C语言程序设计入门 1
1.1 本章要点 1
1.2 实验指导 2
1.2.1 实验一 Code::Blocks 集成开发环境的使用 2
1.2.2 实验二 C 程序中的注释 3
1.2.3 实验三 C 语言中的语句、标识符等 4
1.2.4 实验四 C 语言中的 scanf()、printf() 和转义字符 '\n' 5
1.2.5 实验习题 6
1.3 教材习题解答 6
1.4 典型例题选讲 10

第2章 数据类型、运算符和表达式 13
2.1 本章要点 13
2.2 实验指导 14
2.2.1 实验一 整型数据 14
2.2.2 实验二 浮点数据类型 16
2.2.3 实验三 字符型数据与转义字符 18
2.2.4 实验四 运算符与表达式 19
2.2.5 实验习题 20
2.3 教材习题解答 20
2.4 典型例题选讲 29

第3章 算法与程序设计基础 31
3.1 本章要点 31
3.2 实验指导 33

3.2.1　实验一　关系表达式和逻辑表达式 33
　　3.2.2　实验二　if 语句及其应用 34
　　3.2.3　实验三　switch 语句及其应用 35
　　3.2.4　实验四　while、do...while 和 for 循环语句 36
　　3.2.5　实验五　多重循环语句、break 和 continue 语句 38
　　3.2.6　实验习题 40
　3.3　教材习题解答 41
　3.4　典型例题选讲 58

第 4 章　函　　数 66

　4.1　本章要点 66
　4.2　实验指导 67
　　4.2.1　实验一　C 函数常见错误 67
　　4.2.2　实验二　问题分解和多函数程序设计 68
　　4.2.3　实验三　函数调用 / 返回和 Code::Blocks 调试 70
　　4.2.4　实验四　递归函数和变量作用域 74
　　4.2.5　实验习题 76
　4.3　教材习题解答 77
　4.4　典型例题选讲 90

第 5 章　数组类型与指针类型 98

　5.1　本章要点 98
　5.2　实验指导 100
　　5.2.1　实验一　一维数组元素的移动 100
　　5.2.2　实验二　一维数组的排序与可重用设计 101
　　5.2.3　实验三　字符串的基本操作 105
　5.3　教材习题解答 109
　5.4　典型例题选讲 130

第 6 章　结构体类型与联合体类型 134

　6.1　本章要点 134
　6.2　实验指导 136

  6.2.1 实验一 学生信息管理系统的设计 136
  6.2.2 实验二 动态链表的基本操作 143
  6.2.3 实验三 基于 Zeller 公式设计月历 147
 6.3 教材习题解答 149
 6.4 典型例题选讲 162

第 7 章 文 件 165
 7.1 本章要点 165
 7.2 实验指导 166
  7.2.1 实验一 文件的打开和关闭 166
  7.2.2 实验二 文件的访问 169
  7.2.3 实验习题 172
 7.3 教材习题解答 172
 7.4 典型例题选讲 191

第 8 章 Visual C++ 2010 上机指导 197
 8.1 Visual C++ 2010 的 IDE 操作界面 197
 8.2 一个简单的 C 程序上机的一般过程 198
 8.3 一个较为复杂的 C 程序上机的一般过程 201

第 9 章 模拟试题及答案 205
 模拟试题（一）......205
  第一部分：笔试部分（总分 100 分）......205
  第二部分：上机部分（总分 40 分）......209
 模拟试题（一）参考答案 211
  第一部分：笔试部分（总分 100 分）......211
  第二部分：上机部分（总分 40 分）......212
 模拟试题（二）......213
  第一部分：笔试部分（总分 100 分）......213
  第二部分：上机部分（总分 40 分）......220
 模拟试题（二）参考答案 221
  第一部分：笔试部分（总分 100 分）......221

第二部分：上机部分（总分 40 分） 222
模拟试题（三） 223
　　第一部分：笔试部分（总分 100 分） 223
　　第二部分：上机部分（总分 40 分） 229
模拟试题（三）参考答案 230
　　第一部分：笔试部分（总分 100 分） 230
　　第二部分：上机部分（总分 40 分） 232

参考文献 **232**

第1章　C语言程序设计入门

1.1　本章要点

1. 一个最小的 C 程序

每一个 C 程序都有一个且只能有一个 main() 函数，通常称为主函数，函数中的语句用一对花括号 { } 括起来。C 程序的运行都是从 main() 函数开始，在 main() 函数中结束。

2. 如何显示文字

主函数 main() 通常要调用其他函数来协助完成某项任务，被调用的函数可以是库函数（也称为标准函数），也可以是用户自定义函数。函数 printf() 属于库函数，它既可以用来显示文字信息，也可以计算并显示一个表达式的结果。

3. 如何做一些计算

表达式是由常量、变量或其他操作数与运算符共同组成的一个式子，程序中的计算一般是通过表达式来实现的。在实际编程时，应该掌握如何把数学式子转换成 C 语言中合法表达式的方法，否则结果将不正确。

4. 如何做重复的计算

语句的执行过程除了按顺序一条一条执行以外，还可以根据条件选择执行和根据条件重复执行。例如，for 循环重复计算。

5. 自己写一个函数

为完成用户特定的功能，可以使用自定义函数。好处是在其他地方使用时不必重新写代码，只需知道如何使用即可，即代码可重复利用。

6. 关键字、标识符

在 C 语言中规定了 32 个符号，它们具有特定含义，必须用小写字母，不能用作他用，称为关键字。为了区别各个变量、各个函数、各种类型，都必须为它们取不同的名字，这些名字称为标识符。C 语言规定，标识符以字母或下划线开头，后跟若干个字母、下划线或数字，大小写字母组成的标识符是不同的，标识符的长度没有限制。C 语言还规定了其他一些符号，如运算符（+，-，*，/，…）、分隔符（/*，*/，;，[、]，…）等。

7. 上机调试步骤

从 C 语言源程序代码，到能在计算机操作系统平台上运行的可执行程序文件，这之间需要经历四个上机环节：编辑（Edit）、编译（Compile）、连接（Link）和运行（Run）。

8. Code::Blocks 的简单使用

Code::Blocks（简称 CB）集成开发环境（Integrated Development Environment，IDE）

的界面是一个 Windows 应用程序的窗口，主要由标题栏、菜单栏、工具栏、管理项目窗口、代码编辑窗口、"Logs & others"窗口和状态栏组成。其中代码编辑窗口编辑显示 C 程序的源文件，管理项目窗口的文件显示（Projects）选项卡显示项目中的各个文件，"Logs & others"窗口中的"Build messages"选项卡下显示程序编译连接的结果信息。

9. 编辑、编译和连接操作

Code::Blocks（简称 CB）的源程序编辑器的操作类似于 MS Word 的操作，可以使用"Edit"菜单、工具和热键。在正确编辑 C 源程序以后，接下来就可以进行编译、连接（CB 中把编译连接合起来称为 build，即生成）生成可运行文件。在生成阶段出现的错误有致命错误（Error）、警告错误（Warnings），这些信息都会显示在"Logs & others"窗口中的"Build messages"选项卡下，可以根据该信息修改源程序。警告错误仍然可以继续进行下一步的操作，当然最好也要纠正。

1.2 实 验 指 导

1.2.1 实验一 Code::Blocks 集成开发环境的使用

1. 实验目的

（1）熟悉 Code::Blocks 窗口界面组成。
（2）掌握新建、打开、保存、另存为 C 程序的方法。
（3）掌握编辑文件的基本操作，如输入、插入、删除字符，选择、复制、粘贴的方法。
（4）掌握编译连接、运行程序的方法。
（5）掌握程序中有错误，如何修改、重新编译连接、运行程序。

2. 实验内容

（1）单击"开始"菜单，在"开始"菜单中找到"Code::Blocks"菜单项，启动 Code::Blocks 程序，进入 Code::Blocks 窗口界面。了解菜单栏有哪些主菜单，每个主菜单中有哪些菜单项，尤其要熟悉 File、Edit、View、Build、Settings 等菜单项。

（2）工具栏的显示/隐藏。依次单击"View"→"ToolBars"，可以看到当前已经显示在 Code::Blocks 界面的工具栏选项前打上了"√"，在各选项上单击，观察 Code::Blocks 界面的工具栏的变化。

（3）子窗口的显示/隐藏。依次单击"View"菜单下的选项 Logs、Manager 等，观察 Code::Blocks 界面的各子窗口的变化。

（4）依次单击"File"→"New"→"Empty file"，或按组合键【Ctrl+Shift+N】新建了一个空文件，再依次单击"File"→"Save file"，或按组合键【Ctrl+S】保存，保存文件名为 syti1-1-1.c。

（5）编辑输入如下程序代码：在编辑的过程中需要使用删除、插入、选择、复制、粘贴等编辑操作。

```
/*syti1-1-1.c,计算球的表面积和球的体积程序 */
#include <stdio.h>
int main()
```

```
    { float r;                      /* 定义单精度浮点型变量 r,代表半径 */
      float s,v;                    /* 定义单精度浮点型变量 s,v,代表面积和体积 */
      printf("radius=");            /* 屏幕提示输入半径的值 */
      scanf("%f", &r);              /* 从键盘上输入半径,将值存入变量 r 中 */
      s=4*3.1415926*r*r;            /* 将球的表面积的值计算出来,保存在变量 s 中 */
      v=4*3.1415926/3*r*r*r;        /* 将球的体积的值计算出来,保存在变量 s 中 */
      printf("Area=%f,Volume=%f\n",s,v);       // 按单精度浮点数格式显示计算结果
      return 0;
    }
```

（6）先保存该文件，然后另存为 syti1-1-1a.c。

（7）可以使用"编辑工具栏"的相应按钮进行编译连接和运行操作，也可以使用"Build"菜单下的相应菜单项进行编译连接和运行操作，还可以使用快捷键。

3. 实验结果记录与分析

（1）要新建一个源程序文件，应使用_____菜单下的_____菜单项。

（2）要另存一个源程序文件，应使用_____菜单下的_____菜单项。

（3）显示/隐藏工具栏，应使用_____菜单下的_____菜单项。

（4）编译且运行程序，可使用的快捷键是_____。

（5）显示和隐藏"Logs & other"子窗口的快捷键是_____。

1.2.2　实验二　C 程序中的注释

1. 实验目的

（1）理解 C 语言中注释的作用。

（2）掌握注释的书写形式。

2. 实验内容

（1）启动 Code::Blocks 后，新建文件 syti1-2-1.c。

（2）编辑输入如下程序代码：

```
/*syti1-2-1.c,显示 Hello,world!*/
#include <stdio.h>                  // 包含有关标准库的信息
/* 定义名为 main 的函数,它不接收实参值 */
int main()
{   /*main() 的语句括在花括号中 */
    printf("Hello,world!\n");       // 分号";"是 C 语句的结束标志
    return 0;
}
```

（3）再新建 syti1-2-2.c，在该文件的编辑窗口中编辑输入如下代码：

```
#include <stdio.h>
int main()
{   printf("Hello,world!\n");
    return 0;
}
```

（4）分别编译、连接、运行上述两程序，观察它们的运行结果。

3. 实验结果记录与分析

（1）程序 syti1-2-1.c 的运行结果是：_____。
（2）程序 syti1-2-2.c 的运行结果是：_____。
（3）上述两程序的运行结果是_____（相同/不相同）的，说明有无_____不会影响程序的运行结果。
（4）C 语言中注释的两种表示分别是：_____和_____。

1.2.3 实验三　C 语言中的语句、标识符等

1. 实验目的

（1）理解 C 语言是函数式语言，每一个 C 程序都是由函数组成的，而函数由语句组成的，分号是语句的结束标志。
（2）理解 C 语言中，一条语句可以写在多行上，一行可以写多条语句。
（3）理解程序中 main() 函数的重要性。
（4）掌握标识符的命名规则，变量要先定义后使用等知识点。

2. 实验内容

（1）启动 Code::Blocks 后，新建文件 syti1-3-1.c。
（2）编辑输入主教材【例 1.3】中的程序代码如下：

```c
/*syti1-3-1.c,计算a,b两数之间的所有整数之和*/
#include <stdio.h>
int main()
{
    int i,sum,a,b,t;            /*定义五个整型变量*/
    sum=0;                      /*给和变量sum赋初值0*/
    printf("Enter two positive integers: ");  //输出提示信息
    scanf("%d%d",&a,&b);        /*输入两个正整数分别存储到a,b中*/
    if(a>b)                     /*如果a>b,交换a,b的值*/
    {   t=a;
        a=b;
        h=t;   }
    for(i=a;i<=b;i++)
        sum=sum+i;              /*通过for循环进行累加求和*/
    printf("The sum is %d\n",sum);  /*输出最后的结果*/
    return 0;
}
```

（3）编译、连接后，第 1 次运行程序，结果如下：

```
Enter two positive integers: 1 20 ↙
The sum is 210
```

第 2 次运行程序，结果如下：

```
Enter two positive integers: 20 1 ↙
The sum is 210
```

（4）修改程序，把如下部分语句：

```
if(a>b)                     /*如果a>b,交换a,b的值*/
{   t=a;
    a=b;
```

```
        b=t;   }
```
改为：
```
if(a>b)                    /* 如果a>b, 交换a, b的值 */
{   t=a; a=b; b=t;          // 一行写了三条语句
}
```

再次编译、连接，第3次运行该程序还是输入20 1↙，观察并记录其运行结果。

（5）在if(a>b)的后面加上分号;，再次编译连接，并分两次运行，第1次也是输入1 20↙，观察并记录其运行结果。第2次输入20 1↙，观察并记录其运行结果。

（6）删除第（5）步中添加的分号;，初学者不注意有时会把main写成mian导致程序出现编译错误，我们也把main改成mian，然后编译程序，观察"Build message"选项卡中的信息。

（7）把mian改回main，然后把int i,sum,a,b,t;语句改为int i,sum,a,b;，然后编译程序，观察"Build message"选项卡中的信息。

3. 实验结果记录与分析

（1）在实验的第（4）步中，如输入20 1↙，则其运行结果是：_____。说明一行可以写多条语句。只要正确，不影响程序的运行结果。

（2）在实验的第（5）步中，第1次运行结果是：_____；第2次运行结果是：_____。两次运行结果_____（是/不是）一样，原因是_____。

（3）在实验的第（6）步中，编译程序，观察"Build message"选项卡中的信息是_____，出现该信息的原因是：_____。

（4）在实验的第（7）步中，编译程序，观察"Build message"选项卡中的信息是_____，出现该信息的原因是：_____。

1.2.4　实验四　C语言中的scanf()、printf()和转义字符 '\n'

1. 实验目的

（1）学习并了解输入函数scanf()。
（2）学习并了解输出函数printf()。
（3）理解转义字符 '\n'。

2. 实验内容

（1）若没有启动Code::Blocks，先启动Code::Blocks。
（2）新建文件syti1-4-1.c，输入如下代码：

```
/*syti1-4-1.c, 输入、输出函数与转义字符 */
int main()
{
    int i,n;
    printf("请输入一个在[1,9]的整数:");
    scanf("%d",&n);
    printf("演示输出的情况:\n");
    for(i=1;i<=n;i++)   printf("%d\n",i);
    return 0;
}
```

（3）编译连接运行程序，结果如下：

```
请输入一个在[1,9]的整数:5↙
演示输出的情况：
1
2
3
4
5
```

（4）修改程序，把如下语句：

scanf("%d",&n);

改为：scanf("%d",n);

编译连接运行程序，观察并记录运行结果。

（5）把 scanf("%d",n);

改回：scanf("%d",&n);

同时，把 printf("%d\n",i);

改为：printf("%d",i);

编译连接运行程序，观察并记录运行结果。

3. 实验结果记录与分析

（1）在实验的第（4）步中，如输入 5↙，会弹出_____窗口。说明输入函数 scanf() 中必须是变量的地址列表，而不是变量。

（2）在实验的第（5）步中，编译连接运行程序的结果是：_____。与第（3）步结果不同，其原因是：_____。

1.2.5 实验习题

1. 编写一个 C 语言程序，要求输出以下由数字和字母组成的、一个占据了 4 行位置的简单图形。

```
1AAAAA
2BBBBB
3CCCCC
4DDDDD
```

2. 编写一个 C 语言程序，要求输出以下一个占据了 4 行位置的简单图形。

```
    A
   BBB
  CCCCC
 DDDDDDD
```

1.3 教材习题解答

一、单项选择题

1. C 语言是函数式的语言，任何一个 C 程序都是由一个或多个函数组成，但有且仅有一个函数名为（　　）。

A. function　　　B. main　　　C. mian　　　D. sum

【分析】C语言是函数式的语言，任何一个C程序都是由一个或多个函数组成，但有且仅有一个函数名为main，中文把其翻译为主函数，也就是说不管一个C程序由几个函数组成，一定有且仅有一个函数的名称为main，初学者有时不小心会把其写成mian。在运行程序时，一定是从main函数开始运行，通过main函数调用其他函数，程序最后在main函数中结束运行。

【答案】B

2. 下面不属于C语言中的关键字的是（　　）。

A. for　　　　　　B. if　　　　　　C. return　　　　　　D. main

【分析】在标准C中规定了32个英文单词，它们具有特定含义，必须用小写字母表示，不能另作他用，称为关键字。这32个关键字分别是：auto、break、case、char、const、continue、default、do、double、else、enum、extern、float、for、goto、if、int、long、register、return、short、signed、sizeof、static、struct、switch、typedef、union、unsigned、void、volatile、while。选项A、B、C都在这32个关键字中，只有D选项的main不在。虽然main不是C的关键字，但是它也有特定用途，即作为主函数的名称，不能另作他用。

【答案】D

3. 下面是合法的C语言的标识符是（　　）。

A. a*b　　　　　　B. ab　　　　　　C. 3ab　　　　　　D. a b

【分析】C语言规定，标识符以字母或下划线开头，后跟若干个字母、下划线或数字。大小写字母组成的标识符是不同的，标识符的长度没有限制，关键字不能作为标识符使用。选项A虽然是以字母开头，但它出现了除字母、下划线或数字之外的字符 *，所以a*b不是合法的标识符，而是一个算术表达式，表示变量a乘以变量b。选项C的第一个字符是数字3，而C语言规定标识符的第一个字符必须为字母字符或下划线，数字不能标识符的第一个字符，所以C也不合法。选项D虽然是以字母开头，但它出现了除字母、下划线或数字之外的字符（空格），所以a b不是合法的标识符，也不是一个算术表达式。

【答案】B

4. 下面不属于C语言的特点的是（　　）。

A. C语言语法灵活、限制十分严格

B. 运算符丰富

C. C语言具有效率高、可移植性强等特点

D. 语言简练、紧凑、使用方便、灵活

【分析】C语言的主要特点有7个方面，分别是语言简练、紧凑，使用方便、灵活；运算符丰富；数据结构丰富；C语言是一种结构化语言；C语言语法灵活、限制不十分严格；可以直接访问内存的物理地址，进行位（bit）一级的操作；C语言还具有效率高、可移植性强等特点。

选项B、C、D都是C语言的特点，而选项A中的限制十分严格是错误的。

【答案】A

5. Code::Blocks的编译工具栏中，可以实现编译连接和运行的按钮是（　　）。

A. ⚙　　　　　　B. ▶　　　　　　C. 🔧　　　　　　D. 🔍

【分析】选项A按钮表示编译连接，选项B按钮表示运行，选项C表示编译连接和运行，选项D不在编译工具栏中，而在常用工具栏，表示查找的含义。

【答案】C

二、填空题

1. _____ 是 C 语句结束的标志。

【分析】C 语言规定，分号是语句的结束标志，一条语句可以写在多行上，一行也可以写多条语句，看语句是否结束，主要看其后是否有分号（;）。

【答案】分号（或;）

2. 一个名为 first.c 的源程序，经编译连接后，形成的可执行文件名是_____。

【分析】在 IDE（集成开发环境）中编辑好的程序称为源程序，其扩展名是 .c，例如题目中的源程序 first.c。first.c 经过编译后形成中间目标文件 first.o，中间目标文件经过连接后形成可执行文件 first.exe，只有可执行文件才能够运行。

【答案】first.exe

3. 一个 C 程序必须经过编辑、编译、连接和_____，才可以得到结果。

【分析】在 IDE（集成开发环境）中编辑好的程序称为源程序，其扩展名是 .c，例如题目中的源程序 first.c。first.c 经过编译后形成中间目标文件 first.o，中间目标文件经过连接后形成可执行文件 first.exe，只有可执行文件才能够运行。

【答案】运行（或执行）

4. 一个 C 程序是从_____函数开始运行的，最后在该函数中结束。

【分析】C 语言是函数式语言，任何一个 C 程序都是由一个或多个函数组成，但有且仅有一个函数称为 main() 函数，程序的运行从 main() 函数开始，调用其他函数，最后在 main() 函数中结束。

【答案】main() 函数（或主函数）

5. C 语言中的注释符有_____和_____两种，_____可用于单行和多行注释，_____只能用于单行注释。

【分析】在 C 语言中，程序员在编辑程序的时候，适当的书写注释，是帮助用户更好的读懂程序，理解程序员的设计思维，增强程序的可读性和清晰性。C 语言中注释有两种，分别是 /*…*/ 和 //，/*…*/ 可用于单行或多行注释。而 // 只能用于单行注释。

【答案】/*…*/，//，/*…*/，//

三、编程题

1. 模仿例 1.1，编写一个程序，在命令提示符窗口中显示以下内容：

```
****************************
    This is my first C!
****************************
```

【答案】

```c
/*xiti1-1.c*/
#include <stdio.h>        // 包含有关标准库的信息
int main()
{
    printf("****************************\n");
    printf("    This is my first C!\n");
    printf("****************************\n");
    return 0;
}
```

2. 模仿例1.2，从键盘上输入圆的半径r，编程计算这个圆的面积s。（提示：圆周率为3.141593）

【答案】
```c
/*xiti1-2.c*/
#include <stdio.h>        // 包含有关标准库的信息
int main()
{
    float r,s;
    printf("radius=");
    scanf("%f",&r);
    s=3.141593*r*r;
    printf("Area=%f\n",s);
    return 0;
}
```

3. 模仿【例1.2】，从键盘上输入长方体的长length、宽width、高height，编程计算这个长方体的表面积area和体积volume。

【答案】
```c
/*xiti1-3.c*/
#include <stdio.h>        // 包含有关标准库的信息
int main()
{
    float length,width,height,area,volume;
    printf("input length,width,height:");
    scanf("%f%f%f",&length,&width,&height);            // 输入长、宽、高
    area=2*(length*width+length*height+width*height);  // 计算表面积
    volume=length*width*height;                        // 计算体积
    printf("area=%f,volume=%f\n",area,volume);
    return 0;
}
```

4. 模仿【例1.3】，已知华氏温度与摄氏温度之间的转换关系如下：

$$°C =(5/9) \times (°F -32)$$

编写一个程序，在屏幕上分别显示华氏温度 0 °F，10 °F，20 °F，…，100 °F 与摄氏温度的对照表。请分别利用整数和浮点数表示两种温度。阐述在程序中使用这两种数据的区别。（提示：5/9，要写成 5.0/9，第 2 章中将会介绍）

【答案】用整数表示：
```c
/*xiti1-4int.c*/
#include <stdio.h>        // 包含有关标准库的信息
int main()
{
    int c,f;
    printf("F\tC\n");               // 输出表头，用制表符分隔
    for(f=0;f<=100;f=f+10)
    {
        c=5.0/9*(f-32);
        printf("%d\t%d\n",f,c);     // 输出用制表符分隔
    }
    return 0;
}
```

用浮点数表示：
```
/*xiti1-4float.c*/
#include <stdio.h>                          // 包含有关标准库的信息
int main()
{
    float c,f;
    printf("F\t\tC\n");                     // 输出表头，用制表符分隔
    for(f=0;f<=100;f=f+10)
    {
        c=5.0/9*(f-32);
        printf("%f\t%f\n",f,c);             // 输出用制表符分隔
    }
    return 0;
}
```

5. 模仿【例1.3】，编程显示一张如下所示的整数的平方、立方表，要求用制表符（\t）来对齐表格。（提示，输出表头用printf("\ti\ti*i\ti*i*i\n");，输出后面的数据行用printf("\t%d\t%d\t%d\n",i,i*i,i*i*i);）

```
              i           i*i           i*i*i
            -----------------------------------
              1            1              1
              2            4              8
              3            9             27
              4           16             64
              5           25            125
              6           36            216
              7           49            343
              8           64            512
              9           81            729
             10          100           1000
            -----------------------------------
```

【答案】
```
/*xiti1-5.c*/
#include <stdio.h>                                   // 包含有关标准库的信息
int main()
{
    int i;
    printf("\ti\ti*i\ti*i*i\n");                     // 输出表头，用制表符分隔
    printf("--------------------------------\n");
    for(i=1;i<=10;i++)
        printf("\t%d\t%d\t%d\n",i,i*i,i*i*i);        // 输出用制表符分隔
    printf("--------------------------------\n");
    return 0;
}
```

1.4 典型例题选讲

1. 国际田联标准的田径场整体呈环型，中间部分为矩形，两端为同半径的半圆形。整

个场地由 8 个环形跑道组成,最里面的跑道称为第 1 道次,由里往外数,最外面的跑道称为第 8 道次。已知中间矩形直道的长度为 85.96 m,宽度为 72.6 m,实际上这个宽度也就是第一道所对应的半圆的直径,而相邻两个跑道的间隔为 1.25 m。假设两个人进行比赛,张三跑最里面的第 1 道次,李四跑最外面的第 8 道次,两人从同一根起跑线(比方说从 100 m 终点的位置)开始跑,问这样跑一圈下来,张三和李四分别跑了多少米?李四比张三多跑了多少米?

【答案】

```
/*dx_liti1-1.c,计算不同跑道的周长 */
#include <stdio.h>
int main()
{
    double diameter3,diameter4,pi=3.1415926;
    double perimeter3,perimeter4,distance;
    diameter3=72.6;                          /* 第1道的直径 */
    diameter4=72.6+2*(8-1)*1.25;             /* 第8道的直径 */
    perimeter3=pi*diameter3+2*85.96;         /* 张三跑一圈的距离 */
    perimeter4=pi*diameter4+2*85.96;         /* 李四跑一圈的距离 */
    distance=perimeter4-perimeter3;          /* 两人一圈的距离差 */
    printf("一圈下来张三跑了 %f 米 \n",perimeter3);
    printf("一圈下来李四跑了 %f 米 \n",perimeter4);
    printf("李四比张三多跑了 %f 米 \n",distance);
    return 0;
}
```

运行结果如下:

一圈下来张三跑了 399.999623 米
一圈下来李四跑了 454.977493 米
李四比张三多跑了 54.977870 米

2. 设计一个打印下列图形的程序,并上机调试。

```
@@@@@@@@@@@@@@@@@@@@@@@
@@@@@@@@@@@@@@@@@@@@@@@
        How do you do
@@@@@@@@@@@@@@@@@@@@@@@
@@@@@@@@@@@@@@@@@@@@@@@
```

【分析】将图形划分成三块,两行 @,一行文字"How do you do",两行 @。本题中利用自定义函数 output() 打印两行 @。

【答案】

```
/*dx_liti1-2.c,打印图形 */
#include <stdio.h>
void output();                    /* 自定义函数 output() 的声明 */
int main()
{
    output();                     /* 调用 output() 函数 */
    printf("\t    How do you do \n");
    output();                     /* 调用 output() 函数 */
    return 0;
}
```

```
void output()                         /* 定义 output() 函数 */
{
    printf("\t@@@@@@@@@@@@@@@@@@@@@\n");
    printf("\t@@@@@@@@@@@@@@@@@@@@@\n");
}
```

上机调试过程如下：

（1）使用 Code::Blocks 建立、编辑源程序，如图 1-1 所示。

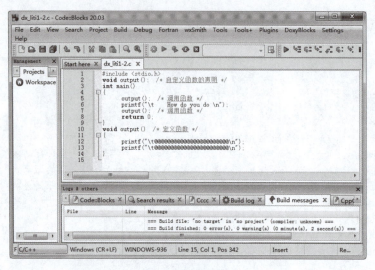

图1-1　编辑源程序

（2）单击编译工具栏中的"　"按钮，编译连接成功，运行结果如图 1-2 所示。

图1-2　运行结果

第 2 章　数据类型、运算符和表达式

2.1　本章要点

1. 数据在计算机内存中的表示

无论处理什么数据，计算机都要先将其调入内存进行保存。不同类型的数据在内存中存放的格式不同：整数按补码形式，实数按浮点数形式，字符按 ASCII 码形式。（相关内容请查阅资料）

2. 整型数据类型

整型常量有三种表示方法：十进制整型常量、八进制整型常量和十六进制整型常量。整型常量可分为基本型、长整型、无符号型；整型变量分为有符号基本整型、无符号基本整型、有符号短整型、无符号短整型、有符号长整型、无符号长整型。

3. 实型（浮点型）数据类型

实型常量有两种表示方法：十进制小数形式、指数形式。实型常量分为单精度实数、双精度实型数；实型变量分为 float 型（单精度实型）、double 型（双精度实型）、long double（长双精度实型）。

4. 字符数据类型

字符常量、字符串常量、字符型变量。

5. 算术运算符与算术表达式

基本算术运算符包括：+，-，*，/，%。两个类型相同的操作数进行运算，其结果类型与操作数类型相同。求余运算要求运算符 % 两边的操作数必须为整数，余数的符号与被除数符号相同。用算术运算符和括号将运算对象连接起来的式子称为算术表达式，运算对象包括常量、变量、函数等。C 语言规定了算术运算符的优先级。在将复杂的数学算式写成 C 语言表达式时，常常要使用到一些标准数学函数。

6. 赋值运算符和赋值表达式

赋值运算符的作用是将一个表达式的值赋给一个变量，由赋值运算符组成的表达式称为赋值表达式。赋值表达式的值就是被赋值的变量的值，在赋值表达式中赋值符号的左边只能是变量。

7. 强制类型转换运算符

可以利用强制类型转换运算符将一个表达式的结果转换成所需要的类型。

8. 自增（或称加 1）运算符与自减（或称减 1）运算符

用于使其运算分量加 1、减 1，常常用于 for 循环语句和指针变量。

9. 逗号运算符和逗号表达式

逗号运算符也称为顺序运算符，用逗号将表达式连接起来的式子称为逗号表达式。在实际使用中，使用逗号表达式只是希望分别得到各个表达式的值，而不是刻意要得到整个逗号表达式的值。

10. 位运算

对一个数的二进制位的运算。C 语言提供了 6 个用于位操作的运算符，这些运算符只能作用于整型数据或字符型数据。

11. 有格式的输入函数

scanf() 函数是有格式的输入函数，可以按照格式字符串指定的格式读入数据，并把它们存入参数地址表指定的地址单元。格式控制字符串包括两种成分：格式转换符和分隔符。

12. 有格式的输出函数

printf() 函数是有格式的输出函数，能够对任意类型的内部数值，按照指定格式的字符形式显示。格式控制字符串包括两种成分：按照原样输出的普通字符和用于控制 printf() 中形参转换的转换规格说明。转换规格说明由一个"%"开头，由一个格式字符结尾。

2.2 实验指导

2.2.1 实验一 整型数据

1. 实验目的

（1）熟悉整型常量的表示形式。
（2）掌握整型变量的定义及使用。
（3）掌握整型数据的输入/输出格式。

2. 实验内容

（1）启动 Code::Blocks 程序，进入 Code::Blocks 窗口界面。
（2）新建文件 syti2-1-1.c，并输入如下代码：

```c
/*syti2-1-1.c,整型数据实验 */
#include <stdio.h>
int main()
{
    int x1,x2,x3;
    x1=162;                              // 把十进制整型常量162赋给变量x1
    x2=0162;                             // 把八进制整型常量162赋给变量x2
    x3=0xA2;                             // 把十六进制整型常量0xA2赋给变量x3
    printf("%d,%o,%x\n",x1,x2,x3);       // 第①空，分别以十进制、八进制和十六进制输出
    printf("%d,%d,%d\n",x1,x2,x3);       // 第②空，以十进制形式输出
    printf("%o,%o,%o\n",x1,x2,x3);       // 第③空，以八进制形式输出
    printf("%x,%x,%x\n",x1,x2,x3);       // 第④空，以十六进制形式输出
```

```
    return 0;
}
```

编译连接运行上述程序，理解整型常量的三种表示形式，以及输出格式控制符%d、%o、%x，观察并记录程序的运行结果，分析并理解程序。

（3）如果把程序中的下面一行：

```
printf("%d,%o,%x\n",x1,x2,x3);    //第①空，分别以十进制、八进制和十六进制输出
```

改为：

```
printf("%D,%O,%X\n",x1,x2,x3);    //第①空，分别以十进制、八进制和十六进制输出
```

再编译连接运行程序，观察并记录程序的运行结果。

（4）新建文件 syti2-1-2.c，并输入如下代码：

```
#include <stdio.h>
int main()
{
    int x=32768;
    short y;
    long z;
    unsigned short y1;
    //sizeof 求变量所占存储单元的字节数，第①空
    printf("%d,%d,%d,%d\n",sizeof(x),sizeof(y),sizeof(z),sizeof(y1));
    y=x;
    z=x;
    y1=x;
    printf("%d,%d,%d,%d\n",x,y,z,y1);    //第②空
    y1=-2;
    printf("%d,%d,%d,%d\n",x,y,z,y1);    //第③空
    return 0;
}
```

编译连接运行程序，观察并记录程序的运行结果。

3. 实验结果记录与分析

（1）记录第（2）步的运行结果如下：

① _____。
② _____。
③ _____。
④ _____。

（2）记录第（3）步的运行结果如下：

_____。

> 📖 说明：
> 在 printf() 函数中，十进制整数的格式控制符可以用%d，不能用%D，八进制整数的格式可以用%o，不能用%O，而十六进制整数的格式控制符既可以用%x，也可以用%X。

（3）记录第（4）步的运行结果如下：

① _____。

②_____。
③_____。

> 📖 **说明:**
> 短整型数据占用 2 个字节，基本整型和长整型占用 4 个字节。占用的内存的字节数越多，存储的数据的范围越大。例如短整型数据占 2 个字节，数据的范围是 -32 768 到 32 767，当数据超过了这个范围时，就会溢出。例如把 32 768 赋给短整型变量 x，为什么显示的数据是 -32 768，想了解的读者可以参阅其他资料。这里我们只要求读者理解不同的数据类型，占用的内存的大小不一样，表示的范围也不一样。在现实编程时，我们要考虑实际情况，估计变量可能取值的大小，来定义变量的数据类型。

2.2.2 实验二 浮点数据类型

1. 实验目的

（1）熟悉浮点型常量的表示形式。
（2）掌握浮点型变量的定义及使用。
（3）掌握浮点型数据的输入/输出格式。

2. 实验内容

（1）启动 Code::Blocks 程序，进入 Code::Blocks 窗口界面。
（2）新建文件 syti2-2-1.c，并输入如下代码：

```c
/*syti2-2-1.c 浮点型数据实验1*/
#include <stdio.h>
int main()
{
    float x1,x2;
    x1=2022.8123f;              // 十进制小数形式
    x2=2.0228123e3;             // 指数形式
    printf("x1=%f,x2=%f\n",x1,x2);
                                // 第①空，以十进制小数形式输出，默认输出6位小数
    printf("x1=%e,x2=%e\n",x1,x2);   // 第②空，以指数形式输出
    // 以 %f、%g 中输出较短的格式输出，6位有效数字，去掉多余的0
    printf("x1=%g,x2=%g\n",x1,x2);   // 第③空
    return 0;
}
```

编译连接运行上述程序，理解浮点型常量的两种表示形式，以及输出格式控制符 %f、%e、%g，观察并记录程序的运行结果，分析并理解程序。

（3）新建文件 syti2-2-2.c，并输入如下代码：

```c
/*syti2-2-2.c,浮点型数据实验2*/
#include <stdio.h>
int main()
{
    float x1;
    double y1;
    x1=1234567.8956f;
```

```
    y1=1234567.8956;
    printf("单精度占:%d字节,双精度占:%d字节\n",sizeof(x1),sizeof(y1));
                                                          //第①空
    //单精度有效位只有7，而双精度的有效位有16位
    printf("x1=%f,y1=%f\n",x1,y1);                        //第②空
    return 0;
}
```

编译连接运行上述程序，观察并记录运行结果。理解单精度和双精度所占内存的字节数是不同的，它们的有效位也是不一样的。

（4）新建文件 syti2-2-3.c，并输入如下代码：

```
/*syti2-2-3.c 浮点型数据实验3*/
#include <stdio.h>
int main()
{
    float x;
    double y;
    scanf("%f%f",&x,&y);                  //输入 x,y
    printf("x=%f,y=%f\n",x,y);            //输出 x,y
    return 0;
}
```

编译连接运行上述程序，观察并记录运行结果，并分析其中的原因。

（5）读者会发现，运行 syti2-2-3.c 程序，输出结果与大家输入的不一致，其原因是使用 scanf() 函数输入双精度数，要使用格式控制符 %lf，否则，不能正确得到数据。我们把下面语句：

```
scanf("%f%f",&x,&y);
```

改为：

```
scanf("%f%lf",&x,&y);
```

再次编译连接运行程序，发现输出结果与输入的结果一致。该实验表明，使用 scanf() 函数输入双精度浮点数要使用格式控制符 %lf，否则不能正确的输入数据。而在使用 printf() 函数输出双精度数据时可用格式控制符 %lf，也可用 %f，效果都是一样的。

3. 实验结果记录与分析

（1）记录第（2）步的运行结果如下：

① _____
② _____
③ _____

（2）记录第（3）步的运行结果如下：

① _____
② _____

（3）在第（4）步的程序运行后，如果输入的数据是 3.14 3.14↙，则程序的输出结果如下：

_____

（4）在第（5）步的程序运行后，如果输入的数据是 3.14 3.14↙，则程序的输出结果如下：

_____

2.2.3 实验三 字符型数据与转义字符

1. 实验目的

（1）掌握字符型数据的表示形式。
（2）理解转义字符的含义和使用场合。

2. 实验内容

（1）启动 Code::Blocks 程序，进入 Code::Blocks 窗口界面。
（2）新建文件 syti2-3-1.c，并输入如下代码：

```c
/*syti2-3-1.c,字符型数据实验 */
#include <stdio.h>
int main()
{
    char c1='A',c2;                     //定义字符型变量c1,c2,同时给c1赋初值'A'
    printf("%d\n",sizeof(c1));          //输出字符型数据所占内存的字节数
    c2=getchar();    //可用getchar()输入单个字符,也可用scanf("%c",&c2);
    putchar(c1);
    putchar('/n');
    printf("c1=%c,c2=%c\n",c1,c2);
    printf("c1=%d,c2=%d\n",c1,c2);      //字符型数据可看作整数,是该字符的ASCII值
    return 0;
}
```

编译连接运行上述程序，观察并记录运行结果。理解字符型数据所占内存的字节数，掌握字符型变量的输入与输出函数和格式控制符。

（3）新建文件 syti2-3-2.c，并输入如下代码：

```c
/*syti2-3-2.c,理解各转义字符的含义,写出程序的运行结果 */
#include <stdio.h>
int main()
{
    printf("12345678901234567890123456789\n");   //输出参照数据
    printf("123456\rabc\n");                     //比较\r和\n的区别
    printf(" 十进制 \t 八进制 \t 十六进制 \n");      //理解\t的作用
    printf("65\t,\65\t,\x65\n");                 //用八进制和十六进制的ASCII值表示字符
    return 0;
}
```

编译连接运行上述程序，观察并记录运行结果。掌握各种常用转义字符的含义，学会灵活使用转义字符。一般来说转义字符常用在 printf() 函数的格式控制字符串中，起到输出一些特殊字符的作用。如该例中的回车符、换行符、制表符等。

3. 实验结果记录与分析

（1）记录第（2）步的运行结果。

_____

_____

_____

（2）记录第（3）步的运行结果。

_____

2.2.4 实验四 运算符与表达式

1. 实验目的

（1）掌握 C 语言中各种运算符的含义、优先级和结合性。

（2）掌握书写、计算和求解各种表达式。

2. 实验内容

（1）启动 Code::Blocks 程序，进入 Code::Blocks 窗口界面。

（2）新建文件 syti2-4-1.c，并输入如下代码：

```c
/*syti2-4-1.c, 算术运算符、强制类型转换运算符和表达式 */
#include<stdio.h>
int main()
{
    int x,y;
    x=5;
    y=5+13%(int)7.9*5/8;
    printf("y=%d\n",y);
    return 0;
}
```

编译连接运行上述程序，观察并记录运行结果。理解算术运算符和强制类型转换运算符的含义、优先级和结合性。如果把程序中的语句：y=5+13%(int)7.9*5/8; 改成：y=5+13%7.9*5/8;，再次编译连接程序，会产生的错误信息是什么？错误原因是什么？请写在实验记录与分析中。

（3）新建文件 syti2-4-2.c，并输入如下代码：

```c
/*syti2-4-2.c, 自增、自减运算和逗号运算实验 */
#include <stdio.h>
int main()
{
    int x=2,y=5,z;
    z=--y+x++;
    printf("x=%d,y=%d,z=%d\n",x,y,z);      //第①空
    z=x++,y--,z++;
    printf("x=%d,y=%d,z=%d\n",x,y,z);      //第②空
    return 0;
}
```

编译连接运行上述程序，观察并记录运行结果。理解自增、自减运算符和逗号运算符的含义、优先级和结合性。

3. 实验结果记录与分析

（1）记录第（2）步的运行结果。

若删除强制类型转换运算符，编译产生的错误信息是：_____

_____。

错误原因是：_____。

（2）记录第（3）步的运行结果。

① _____。

② _____。

2.2.5 实验习题

（1）在 Code::Blocks 平台下，编程计算并显示存储各种基本类型的数据分别需要多少个字节（byte）。

（2）从键盘上输入两个实数 x 和 y 的值，编程计算出下列数学式的结果。

$$\sqrt{x^6 + y^5}$$

（3）转换时间格式。假设输入的时间格式为四位正整数，其中最高两位代表小时，最低两位代表分钟，范围从 0000 至 2359。比如输入 1430，就表示时间 14:30。现在从键盘上输入一个有效的四位整数，要求把它拆分成小时与分钟两部分，彼此之间用冒号分隔。

（4）输入一个用度数来表示的角度，编程求该角度所对应的正弦值是多少？

2.3 教材习题解答

一、单项选择题

1. 下面四个选项中，均是合法标识符的选项是（　　）。

A. _a   void   zhangsan　　　　B. _12   5.2   include

C. _888   fun   _INT　　　　　　D. -12   const   2*a

【分析】在 C 语言中有 32 个关键字，每个都具有特定作用，必须用小写字母，不能被作为他用。程序中各个变量、函数和符号常量的命名称为标识符，标识符的命名不能用这些关键字。标识符必须以字母或下划线开头，后跟若干个字母、下划线或数字，大小写字母组成的标识符是不同的，标识符的长度没有限制。因此，A、B、D 中都有关键字，只有 C 中的所有选项都符合标识符的定义。

【答案】C

2. 下列算术运算符中，只能用于整型数据的是（　　）。

A. -　　　　　　B. +　　　　　　C. /　　　　　　D. %

【分析】C 语言中基本算术运算符包括：

+（加法运算符，或正值运算符）

-（减法运算符，或负值运算符）

*（乘法运算符）

/（除法运算符）

%（求余运算符或模运算符）

其中求余运算要求运算符 "%" 的两边的操作数必须为整数，余数的符号与被除数符号相同。其他运算则是：两个类型相同的操作数进行运算，其结果类型与操作数类型相同。

【答案】D

3. 以下错误的变量定义语句是（   ）。
   A．float _float;   B．int int8;   C．char Char;   D．int 8int;

【分析】 C语言中为了区别各个变量、函数和符号常量，必须为它们取不同的名字。这些名字称为标识符。标识符以字母或下划线开头，后跟若干个字母、下划线或数字，大小写字母组成的标识符是不同的。所以变量名不能以数字开头。

【答案】 D

4. 设有如下的变量定义：

```
int i=8,k,a,b;
unsigned long w=5;
double x=1,y=5.2;
```

则以下符合C语言语法的表达式是（   ）。
   A．a+=a-=(b=4)*(a=3)   B．x%(-3)
   C．a=a*3=2   D．y=int(i)

【分析】 对于选项B：求余运算要求运算符 % 的两边的操作数必须为整数，而x是实型数。对于选项C：在赋值表达式中赋值号的左边只能是变量，而选项C中出现了a*3=2。对于选项D：int是一个关键字，不能够作为它用，如果作为强制类型转换，应写成 y=(int)(i);。对于选项A：赋值表达式中的表达式又可以是一个赋值表达式，赋值运算符按照"自右而左"的结合顺序，因此 a+=a-=(b=4)*(a=3) 的求解步骤如下：①依题意有a=3，b=4；②计算 a-=(b=4)*(a=3)，a 的值为 3-12 = -9；③计算 a+=a，相当于 a = a+a，最后 a 的值为 -18。

【答案】 A

5. 假定有以下变量定义：

```
int k=7,x=12;
```

在下面的多个表达式中，值为3是（   ）。
   A．x%=(k%=5)   B．x%=(x-k%5)   C．x%=k+k%5   D．(x%=k)+(k%=5)

【分析】 选项A的求解步骤如下：①计算（k%=5）即 k=k%5=2；②计算 x%=2，最后结果 x=0，由于此时赋值表达式的值就是变量x的值，故该表达式的值为0。选项B的求解相当于 x=x%(x-k%5)，最后 x 的值为 2，表达式的值亦为2。选项C的求解相当于 x=x%(k+k%5)，结果 x 的值为 3，表达式的值亦为 3。选项D的求解步骤如下：①计算(x%=k)，x 的值为 5，该项值亦为5。②计算（k%=5），该项的值为 2；③计算 5 + 2，所以表达式的值为 7。

【答案】 C

6. 对于 scanf() 函数，以下叙述中正确的是（   ）。
   A．输入项可以是一个实型常量，如 scanf("%f",3.5);
   B．只有格式控制，没有输入项，也能正确输入数据到内存，如 scanf("a=%d ,b=%d");
   C．当输入一个实型数据时，格式控制部分可以规定小数点后的位数，如 scanf("%4.2f", &d);
   D．当输入数据时，必须指明变量地址，如 float f; scanf("%f",&f);

【分析】 scanf() 函数是有格式的输入函数，可以按照格式字符串指定的格式读入数据，并把它们存入参数地址表指定的地址单元。scanf() 函数的参数只能是格式控制字符串和参数地址表，所以 A，B 错误；格式控制字符串包括格式转换符和分隔符，格式转换符不能规定精度 .n，所以 C 也是错误的。

【答案】D

7. 若已定义 x 和 y 为 double 类型，则表达式 x=1，y=x+3/2 的值是（ ）。
   A. 1.0　　　　B. 1.5　　　　C. 2.0　　　　D. 2.5

【分析】根据 C 语言算术运算类型处理的规则，两个类型相同的操作数进行运算，其结果类型与操作数类型相同。所以 3/2 的结果值为整型数 1，又因为 x 是 double 型，所以根据不同类型的数据要先转换成同一类型，然后进行运算。转换的规则为：

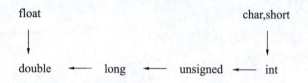

【答案】C

8. 若有定义 int a=2，i=3;，则合法的语句是（ ）。
   A. a==1　　　　B. ++i;　　　　C. a=a++=5;　　　　D. a=int(i*3.2);

【分析】①选项 A 不是一条语句，因为其后没有分号。②C 语言中，凡是二元（二目）运算符，均可以与赋值符一起组成复合赋值符，但 ++ 是一元运算符，选项 C 中的 a++=5 是非法的。③int 是一个关键字，不能够作为他用，如果作为强制类型转换，应写成 y=(int)(i*3.2);。

【答案】B

9. 以下程序段执行后，c3 中的值是（ ）。
```
int c1=2,c2=3,c3;
c3=1.0/c2*c1;
```
   A. 0　　　　B. 3　　　　C. 1　　　　D. 2

【分析】在赋值语句 c3=1.0/c2*c1; 中，运算符 / 和 * 的优先级相同，而两者的运算顺序为自左至右，因此是先 / 后 *。计算 1.0/c2 的结果是 0.333333，乘以 c1 得到的结果为 0.666667；由于是给 int 型的变量 c3 赋值，而 C 语言中实数对整型变量的赋值采用的是"截尾取整"的原则（即只保留整数部分，小数部分一律删除），因此 c3 的值就是 0。

【答案】A

10. 在 C 语言中，合法的字符常量是（ ）。
    A. '\084'　　　　B. '\x48'　　　　C. 'ab'　　　　D. "\0"

【分析】字符常量是一个整数，写成用单引号括住单个字符的形式，所以 C 和 D 显然不合法；A 和 B 要考虑转义字符的用法，但是 A 表示的八进制数不可出现 8。

【答案】B

11. 以下定义和语句的输出结果是（ ）。
```
int u=070,v=0x10,w=10;
printf("%d,%d,%d\n",u,v,w);
```
    A. 8,16,10　　　　B. 56,16,10　　　　C. 8,8,10　　　　D. 8,10,10

【分析】整型常量可以用下面三种形式表示：十进制整数，如 2001，w 是十进制整数；

八进制整数，在八进制整数的前面加一个 0，如 02001 表示 (2001)$_8$，u 是八进制整数；十六进制整数，在十六进制整数的前面加一个 0x，如 0x2001 表示 (2001)$_{16}$，v 是十六进制整数。

【答案】B

12. 以下定义和语句的输出结果是（　　）。

```
char c1='a',c2='f';
printf("%d,%c\n",c2-c1,c2-'a'+'B');
```

A. 2,M　　　　B. 5,G　　　　C. 2,E　　　　D. 5,E

【分析】字符常量的值就是该字符的 ASCII 码值，'a' 的 ASCII 码值是 97，'f' 的 ASCII 码值是 102，所以 c2-c1 是 5，'B' 的 ASCII 码值是 66，66+5=71 就是 'G' 的 ASCII 码值。

【答案】B

13. 已知有下面的程序：

```
#include <stdio.h>
int main()
{
    int x;
    float y;
    scanf("%d,%f",&x,&y);
    printf("%d,%.1f",x,y);
    return 0;
}
```

该程序运行后，下面（　　）项的数据输入，可使程序的输出结果为：5,12.1。

A. 5 12.02　　　B. 5 12.12　　　C. 5,12.02　　　D. 5,12.12

【分析】由于 scanf() 的格式控制字符串是 "%d,%d" 而不是 "%d %d"，因此在运行时正确的输入是两数之间要用 ","分隔，选项 A、B 的该输入格式与题目指定的输入格式不符，故选项 A、B 错误。选项 C、D 格式对了，但 printf() 函数的格式说明符是 "%d,%.1f"，该格式说明符指出表明第二个浮点数的输出应保留 1 位小数，对小数第二位进行四舍五入，所以 C 选项的输入得不到题目指定的输出结果，而 D 可以。

【答案】D

14. 下列不正确的转义字符是（　　）。

A. '\\'　　　　B. '\"'　　　　C. '074'　　　　D. '\0'

【分析】转义字符是以 "\" 开头的字符序列。

【答案】C

15. 若有定义：int x=3, y=2; float a=2.5, b=3.5;，则表达式 (x+y)%2+(int)a/(int)b 的值是（　　）。

A. 0　　　　B. 2　　　　C. 1.5　　　　D. 1

【分析】x、y 是整型，% 是求余运算符，所以 (x+y)%2 的值为 1；(int) 是强制整型转换运算符，将实型 a、b 均强制转换为整型后，(int)a/(int)b 等价于 2/3，由于 2、3 都是整型，所以 (int)a/(int)b 的值为 0，所以，最终结果是 1。

【答案】D

16. 在下列选项中能正确地把 c 的值同时赋给变量 a 和变量 b 的是（　　）。

A. c=b=a;　　　B. b=c=a;　　　C. a=b=c;　　　D. a=c=b;

【分析】赋值语句的格式是：变量 = 表达式，赋值运算符的结合性是右结合，即从右算到左。所以 C 是正确的。

【答案】C

17. 下列变量定义中合法的是（　　）。

　　A．short _a=1-.Le-1;　　　　　　B．double b=1+5e2.5;
　　C．long ao=0xfdaL;　　　　　　　D．float 2_and=1-e-3;

【分析】①C 语言规定，标识符以字母或下划线开头，后跟若干个字母、下划线或数字，所以选项 D 是不合法的。②指数形式的实型常量中指数应该是整数，所以选项 B 是不合法的。③指数形式的实型常量中 e 前面必须有数字，选项 A 中 e 前面出现字符 L，不符合实型常量的表示形式。

【答案】C

18. 下列程序段的输出结果是（　　）。

```
int a=9876;
float b=987.654;
double c=98765.56789;
printf("%2d,%2.1f,%2.1f\n",a,b,c);
```

　　A．无输出　　　　　　　　　　　　B．98, 98.7, 98.6
　　C．9900, 990.7, 99000.6　　　　　D．9876, 987.7, 98765.6

【分析】对整型和实型整数部分而言，若格式符规定的整数部分输出宽度小于实际整数部分宽度，则规定无效，仍按实际宽度输出。

【答案】D

二、填空题

1. 若想通过格式输入语句使变量 x 中存放整数 1234，变量 y 中存放整数 5，则键盘输入语句是_____。

【分析】scanf() 函数是有格式的输入函数，可以按照格式字符串指定的格式读入数据，并把它们存入参数地址表指定的地址单元。scanf(格式控制字符串 , 参数地址表);，格式控制字符串包括两种成分：格式转换符和分隔符。在输入数据时要输入与分隔符相同的字符，若没有指定分隔符，则输入时要用空格键和【Tab】键进行分隔。答案有多种形式，下面只给出两种。

【答案】scanf("%d,%d",&x,&y);　　或　scanf("%d%d",&x,&y)
　　　　　1234,5↙　　　　　　　　　　　　1234 5↙

2. 有下面的输入语句：

```
float x;
double y;
scanf("%f%le",&x,&y);
```

使 x 的值为 78.98，y 的值为 98 765×10^{12}，正确的键盘输入数据形式是_____。

【分析】在 scanf() 语句的格式控制字符串中使用了分隔符逗号','来区分 x 和 y。

【答案】78.98,9.8765e16

3. 若有定义 int a=7,b=8,c=9;，接着顺序执行下列语句后，变量 c 中的值是_____。

```
c=(a-=(b-5));
c=(a%11)+(b=3);
```

【分析】按运算次序：① (b-5) 为 3；②则 a-=(b-5) 为 a=a-3 为 4；③ c=4；④ (a%11) 即 4%11 为 4；⑤最后结果就是 4+3=7。

【答案】7

4. 请写出以下数学式的 C 语言表达式_____。

$$\cos 60° + 8e^y$$

【分析】cos60° 需要使用常用的标准函数 cos(x)，注意 x 为弧度值，所以要把 60° 转换成弧度。e^y 需要使用常用的标准函数 exp(y)。

【答案】cos(3.1415926*60/180)+8*exp(y)，或 cos(3.1415926*60.0/180)+8*exp(y)

5. 若有以下定义：

```
char a;
unsigned int b;
float c;
double d;
```

则表达式 a*b+d-c 值的类型为_____。

【分析】C 语言中各类数值型数据可以混合运算，因为字符型数据可以和整型数据通用，所以本题的表达式是正确的。但在运算时，不同类型的数要先转换成同一类型，然后运算。①执行 a*b 的运算，将字符型数 a 转换成无符号整型数，运算结果是无符号整型数。② d 是双精度实型数，将 a*b 的结果转换成双精度实型数，相加的结果是双精度实型数；③将 c 转换成双精度实型数，运算结果是双精度实型。

【答案】双精度浮点型，或双精度实型，或 double

6. 设有如下定义：int x=1,y=-1;，则语句 printf("%d\n",(x--&++y)); 的输出结果是_____。

【分析】表达式 (x--&++y) 的求解顺序为 ++ → & → --，即等价于 (x&++y) 然后再 x=x-1。由题意 y=-1，故 ++y 为 0，对于按位与运算 & 而言，(x & ++y) 值一定为 0。printf 语句执行之后，x 和 y 的值都为 0。

【答案】0

7. 语句 printf("%d\n",'A'-'a'); 的输出结果是_____。

【分析】字符 'A' 的 ASCII 码值是 65，字符 'a' 的 ASCII 码值是 97，则 'A'-'a' 的值是 -32。

【答案】-32

8. 设 int b=24;，表达式 (b>>1)/(b>>2) 的值是_____。

【分析】b 右移一位相当于除以 2，右移二位相当于除以 4。

【答案】2

三、程序分析题

1. 分析下列程序，写出运行输出结果。

```c
#include <stdio.h>
int main()
{
    unsigned short a=655;
    int b;
    printf("%d\n",b=a);
    return 0;
}
```

【分析】C语言并没有具体规定 short 型数据的长度，只要求 short 型不长于 int 型，在不同编译器下的值不同。在 Code::Blocks 中，short 类型的存储长度为 16 位、int 型为 32 位，而在 Turbo C 中 short 型与 int 型一样，都是 16 位。程序中表达式 b=a 的值就是 b 的值。

【答案】655

2. 分析下列程序，写出运行输出结果。

```
#include <stdio.h>
int main()
{
    double d;
    float f;
    long l;
    int i;
    l=f=i=d=80/7;
    printf("%d,%ld,%f,%f\n",i,l,f,d);
    return 0;
}
```

【分析】表达式 80/7 的结果是 11，赋值运算符自右而左结合；整型和长整型的数据均按实际结果输出，单精度实型和双精度实型在输出时小数部分为 6 位；实型数据对整型数据的转换为"截尾取整"，即只保留整数部分。

【答案】11,11,11.000000,11.000000

3. 分析下列程序，写出运行输出结果。

```
#include <stdio.h>
int main()
{
    int x=6,y,z;
    x*=18+1;
    printf("%d\n",x--);
    x+=y=z=11;
    printf("%d\n",x);
    x=y==z;
    printf("%d\n",-x++);
    return 0;
}
```

【分析】+ 运算符优先级高于 *=，所以 x*=18+1 的结果是 6*(18+1)=114；printf 语句执行以后 x 自减后的结果 x=113；+= 和 = 同优先级，结合次序自右而左结合次序，所以 z=11，y=11，x=x+y=113+11=124；== 运算符优先级高于 =，由于 y 和 z 同为 11 故 y==z 为真，其值是 1，- 和 ++ 同优先级，结合次序自右而左，故此时输出结果为 -1。

【答案】
114
124
-1

4. 分析下列程序，写出运行输出结果。

```
#include <stdio.h>
int main()
{
```

```
    float x,y;;
    x=12.34f;
    y=(int)(x*10+0.5)/10.0f;
    printf("y=%f\n",y);
    return 0;
}
```

【分析】y=(int)(x*10+0.5)/10.0 的运算顺序是：x*10+0.5 的结果是 123.9，(int)123.9 的结果是 123，123/10.0 的结果是 12.3。最后按 %f 格式输出 y=12.300000。

【答案】y=12.300000

5. 下列程序，若运行时输入 1□2□3456789✓（注：□代表空格），写出相应的输出结果。

```
#include <stdio.h>
int main()
{    char s[100];
     int c, i;
     scanf("%c",&c);
     scanf("%d",&i);
     scanf("%s",s);
     printf("%c,%d,%s\n",c,i,s);
     return 0;
}
```

【分析】scanf() 函数在输入时，遇空格认为输入数据结束。

【答案】1,2,3456789

6. 分析下列程序，写出运行输出结果。

```
#include <stdio.h>
int main()
{
    int a=12,b=12;
    printf("%d%d\n",--a,++b);
    return 0;
}
```

【分析】由程序可知，整型变量 a 中已存放了 12，整型变量 b 中也存放了 12，printf() 函数要输出两个表达式 --a，++b 的值，先取出 a 和 b，作自减和自加以后再输出。注意如果是 printf("%d %d\n",a--,b++);，则要输出以后再自减和自加，修改后的结果为 12 12。

【答案】11 13

7. 分析下列程序，写出运行输出结果。

```
#include <stdio.h>
int main()
{
    int x=6,y=3,z=2;
    printf("%d+%d+%d=%d\n",x,y,z,x+y+z);
    return 0;
}
```

【分析】printf() 函数的一般格式为 printf(格式控制字符串，输出值参数表列)；printf() 函数的格式控制字符串包括两种成分：按照原样输出的普通字符和用于控制 printf() 函数中形参转换的转换规格说明。输出值参数表列是一些要输出的数,可以是表达式。

【答案】6+3+2=11

四、编程题

1. 已知圆的周长为 L,编写 C 程序,计算出它的面积。要求从键盘输入周长值,在屏幕上显示出相应的面积值。

【答案】

```
#include <stdio.h>
int main()
{
    float l, area;
    printf("L=");
    scanf("%f",&l);
    area=(l*l)/(4*3.14f);
    printf("Area=%f\n",area);
    return 0;
}
```

2. 编写 C 程序,从键盘输入一个介于 'B' ～ 'Y' 之间的字母,在屏幕上显示出其前后相连的三个字母。例如输入 B,则屏幕显示 ABC。

【答案】

```
#include <stdio.h>
int main()
{
    char c;
    c=getchar();
    if(c>'a' && c<'z' || c>'A' && c<'Z')
        printf("%c%c%c",c-1,c,c+1);
    return 0;
}
```

3. 从键盘输入能够构成三角形的三条边长,要求编程计算该三角形的面积。

【答案】

```
#include <stdio.h>
#include <math.h>
int main()
{
    float a,b,c,s,area;
    printf("input a,b,c(such as 3,4,5)\n");
    scanf("%f,%f,%f",&a,&b,&c);
    s=(a+b+c)/2;
    area=sqrt(s*(s-a)*(s-b)*(s-c));
    printf("area=%f\n",area);
    return 0;
}
```

2.4 典型例题选讲

一、填空题选讲

C 语言表达式 −b+sqrt(b∗b−4.0∗a∗c) 的数学算式是_____。

【分析】本题的主要测试点是标准数学函数的使用。

【答案】$-b+\sqrt{b^2-4ac}$

二、单项选择题选讲

下列表达式不正确的是（　　）。

A．10%3+5%3　　　B．10/3+5/3　　　C．10%3/2　　　D．(10.0/3.0%3)/2

【分析】本题的主要测试点是运算符的使用，% 要求两边的操作数是整型数，而 10.0/3.0 的结果是浮点数。

【答案】D

三、简答题选讲

写出下列程序的运行结果。

```c
#include <stdio.h>
int main()
{
    printf("Decimal number=%d\n",65);
    printf("Octal number=%o\n",65);
    printf("Hexadecimal number=%x\n",65);
    return 0;
}
```

【分析】本题的测试点是对格式控制字符的理解。"%d" 表示按十进制整数输出，"%o" 表示按八进制整数输出，"%x" 表示按十六进制整数输出，而与十进制整数 65 等价的八进制整数是 101、十六进制整数是 41。

【答案】
```
Decimal number=65
Octal number=101
Hexadecimal number=41
```

四、编程题选讲

从键盘上输入一个字符，编程，要求将该字符及对应的 ASCII 输出。例如输入字符 A，则输出"字符 A 对应的 ASCII 值是 65"。

【分析】字符输入可用 getchar() 函数，也可用 scanf() 函数。

【答案】方法一，用 scanf() 函数。

```c
#include <stdio.h>
int main()
{
    char c;
    printf("输入一个字符：");
    scanf("%c", &c);     //读取用户输入
    printf("字符 %c 对应的 ASCII 值是 %d\n", c, c);//%c显示对应字符,%d显示整数
    return 0;
```

}

运行结果示例：

```
输入一个字符：a↲
字符a对应的 ASCII 值是 97
```

方法二，用 getchar() 函数。

```c
#include <stdio.h>
int main()
{
    char c;
    printf("输入一个字符：");
    c=getchar();    // 读取用户输入
    printf("字符%c对应的 ASCII 值是%d\n", c, c); // %c 显示对应字符,%d 显示整数
    return 0;
}
```

运行结果示例：

```
输入一个字符：Q↲
字符Q对应的 ASCII 值是 81
```

第 3 章　算法与程序设计基础

3.1　本章要点

1. 算法的概念与特点

算法是解决问题的方法和步骤。其特点有：有穷性、确定性、可行性、有零个或多个输入、有一个或多个输出。

2. 算法的表示方式

传统的流程图、N-S 流程图、计算机语言表示。

3. 关系运算符和关系表达式

关系运算符有 6 个，分别是：>、>=、<、<=、== 和 !=。用关系运算符连接起来的式子称为关系表达式，关系表达式的结果只有两个：1（真）和 0（假）。关系运算符的优先级是前 4 个相同，后两个也相同，但前 4 个优先级高于后两个，关系运算符的结合性是左结合性。

4. 逻辑运算符和逻辑表达式

逻辑运算符有 3 个，分别是：!、&& 和 ||。用逻辑运算符连接起来的式子称为逻辑表达式。逻辑表达式的结果只有两个：1（真）和 0（假），逻辑运算符的优先级是！最高，&& 次之，|| 最低。！是右结合性，而 && 和 || 是左结合性。逻辑运算符 && 和 || 具有短路特性。

5. if 选择结构

if 语句构成的选择结构有单分支、双分支和多分支（又称嵌套）选择结构，它们的格式分别如下：

（1）单分支的格式：

```
if(表达式)
    语句;
```

（2）双分支的格式：

```
if(表达式)
    语句1;
else
    语句2;
```

（3）多分支的格式：

```
if(表达式)
    语句1;
else
    if(表达式2)
```

　　　　　语句2;
　　else
　　　　　语句3;

6. 条件运算符和条件表达式

条件运算符是 ?:，是 C 语言中的唯一一个三目运算符。由条件运算符连接起来的式子称为条件表达式，其一般形式如下：

表达式1？表达式2：表达式3

7. switch 选择结构

switch 语句构成的选择结构称为多分支选择结构，一般形式如下：

```
switch(表达式)
{   case 常量表达式1:语句1;
    case 常量表达式2:语句2;
    …
    case 常量表达式n:语句n;
    default:语句n+1;
}
```

8. for 循环结构

for 语句构成的循环结构称为 for 循环。一般形式如下：

for(表达式1;表达式2;表达式3) 循环体

9. while 循环结构

由 while 语句构成的循环也称为"当型"循环。一般形式如下：

while(表达式) 循环体

10. do...while 循环结构

由 do...while 语句构成的循环也称"直到型"循环。一般形式如下：

```
do
{ 循环体 }
while (表达式);
```

11. continue 语句

用来结束本次循环，继续循环条件的判定。一般形式如下：

continue;

12. break 语句

也称间断语句，可以用在循环结构和多分支选择结构中，其作用是跳出循环和 switch 语句体。一般形式如下：

break;

3.2 实验指导

3.2.1 实验一　关系表达式和逻辑表达式

1. 实验目的

（1）掌握 6 个关系运算符的含义、优先级和结合性。
（2）掌握 3 个逻辑运算符的含义、优先级和结合性。
（3）能够熟练地把复杂的数学表达式写成 C 语言表达式。
（4）理解并掌握逻辑运算符 && 和 || 的惰性求值（短路特性）特性。

2. 实验内容

（1）启动 Code::Blocks 程序，新建文件 syti3-1-1.c，输入如下代码。该程序代码的功能是"从键盘输入一个整数，判断其是否在 [10,100] 范围内，若在输出 1，否则输出 0"。

```c
/*syti3-1-1.c,关系运算符及优先级 */
#include <stdio.h>
int main()
{
    int x,y;
    printf("请输入一个整数:");
    scanf("%d",&x);
    y=(10<=x<100);    // 把括号内表达式的结果赋给变量 y
    printf("%d\n",y);
    return 0;
}
```

（2）编译连接，多次运行上述程序，输入不同的 x 值，观察记录运行结果。
（3）新建 syti3-1-2.c 文件，输入如下代码。

```c
/*syti3-1-2.c,逻辑运算符的惰性求值特性 */
#include <stdio.h>
int main()
{
    int x=3,y=12,z=0,m,n,k,p;
    m=x>y || z++;
    n=x<y || ++z;
    k=x>y && z++;
    p=x<y && z++;
    printf("%d,%d,%d,%d,%d\n",m,n,k,p,z);
    return 0;
}
```

（4）编译连接，运行程序，观察并记录程序输出的结果。

3. 实验结果记录与分析

（1）在实验内容第（2）步中，多次运行程序，若输入的 x 值分别是 -100,20,100,150。其结果分别是_____，_____，_____，_____。分析导致这样结果的原因，把上述程序中的语句_____改为_____后，再编译连接，也多次运行程序，若输入的 x 值也分别是 -100,20,100,150。但其结果分别是 0,1,1,0。

（2）在实验内容第（4）步中的输出结果是：_____，

分析输出上述结果的原因是：_____。

3.2.2 实验二　if 语句及其应用

1. 实验目的

（1）掌握单分支 if 语句的语法规则及应用其编写相应的程序。
（2）掌握双分支 if...else 语句的语法规则及应用其编写相应的程序。
（3）掌握嵌套的 if 语句的语法规则及应用其编写相应的程序。
（4）掌握条件运算符含义和条件表达式的使用。

2. 实验内容

（1）有一编程题目"输入两个浮点数，按从大到小的顺序输出"。有读者编写的程序代码如下：

```c
#include <stdio.h>
int main()
{
    float x,y,t;
    scanf("%f%f",&x,&y);
    if(x<y)    // 若 x 小于 y，则交换 x,y
        t=x;
        x=y;
        y=t;
    printf("%f,%f\n",x,y);
    return 0;
}
```

启动 Code::Blocks 程序，新建文件 syti3-2-1.c，编辑输入上述代码，编译连接，第一次运行时输入的 x 的值比 y 的值要小，第二运行时输入的 x 的值比 y 的值要大，观察并记录两次运行的结果。

（2）新建文件 syti3-2-2.c，用 if...else 语句编写程序，实现"输入两个浮点数，按从小到大的顺序输出"。

（3）新建文件 syti3-2-3.c，用条件表达式实现"输入两个浮点数，按从小到大的顺序输出"。

（4）新建文件 syti3-2-4.c，用嵌套的 if 语句实现"输入三个浮点数，按从小到大的顺序输出"。

3. 实验结果记录与分析

（1）在实验内容（1）中，你第一次运行，输入的是_____，其对应的输出结果是_____。第二次运行，输入的是_____，其对应的输出结果是_____。观察两次运行时的输入输出结果，是否和预期的结果一致？分析原因，找出程序中的错误，并加以改正。改正后再次编译连接，再次运行两次，分别输入同样的数据，观察结果看是否和预期的结果一致，若不一致，继续修改编译连接运行，直到结果与预期的一致为止。

（2）写出 syti3-2-2.c 的程序代码。
（3）写出 syti3-2-3.c 的程序代码。
（4）写出 syti3-2-4.c 的程序代码。

3.2.3 实验三　switch 语句及其应用

1. 实验目的

（1）掌握 switch 语句的语法规则。
（2）熟悉 switch 语句的执行过程。
（3）掌握 switch 语句中使用 break 语句的作用。

2. 实验内容

（1）启动 Code::Blocks 程序，新建文件 syti3-3-1.c，编辑输入如下代码：

```c
/*syti3-3-1.c，理解switch语句的语法规则和执行过程*/
#include <stdio.h>
int main()
{
    int a=0,i;
    scanf("%d",&i);
    switch(i)
    {
        case 0:
        case 3: a+=2;
        case 1:
        case 2:a+=3;
        default: a+=5;
    }
    printf("a=%d\n",a);
    return 0;
}
```

编译连接，运行该程序，观察并记录程序的运行结果。

（2）新建文件 syti3-3-2.c，输入如下代码：

```c
/*syti3-3-2.c，理解switch语句和break语句的结合的执行过程*/
#include <stdio.h>
int main()
{
    int a=0,i;
    scanf("%d",&i);
    switch(i)
    {
        case 0:
        case 3: a+=2;break;
        case 1:
        default: a+=5;break;
        case 2:a+=3;
    }
    printf("a=%d\n",a);
    return 0;
}
```

编译连接，运行该程序，观察并记录程序的运行结果。

3. 实验结果记录与分析

（1）在实验内容第（1）步中，运行程序，如果输入的是 0 和 3，运行结果分别是＿＿＿＿＿＿和＿＿＿＿＿＿；如果输入的是 1 和 2，运行结果分别是＿＿＿＿＿＿和＿＿＿＿＿＿；如果输入的是除上述 4 个数之外的其他任意数，结果都是＿＿＿＿＿＿。分析上述结果的原因。

（2）在实验内容第（2）步中，运行程序，如果输入的是 0 和 3，运行结果分别是＿＿＿＿＿＿和＿＿＿＿＿＿；如果输入的是 1 和 2，运行结果分别是＿＿＿＿＿＿和＿＿＿＿＿＿；如果输入的是除上述 4 个数之外的其他任意数，结果都是＿＿＿＿＿＿。分析上述结果的原因。

3.2.4 实验四　while、do...while 和 for 循环语句

1. 实验目的

（1）掌握 while 循环语句的语法规则。
（2）掌握 do...while 循环语句的语法规则。
（3）理解 while 循环与 do...while 循环的异同点。

2. 实验内容

（1）启动 Code::Blocks 程序，新建文件 syti3-4-1.c，编辑输入如下代码，该代码的功能是"实现求 1 到 100 的所有整数的和"。

```c
/*syti3-4-1.c，求1到100的所有整数的和*/
#include <stdio.h>
int main()
{
    int i,sum=0;
    i=1;
    while(i<=100)
    {
        sum=sum+i;

    }
    printf("sum=%d\n",sum);
    return 0;
}
```

编译连接，运行该程序，观察并记录程序的运行结果。

（2）新建文件 syti3-4-2.c，输入如下代码，该代码的功能是"实现求 1 到 100 的所有奇数的和"。

```c
/*syti3-4-2.c，求1到100的所有奇数的和*/
#include <stdio.h>
int main()
{
    int i,sum=0;
    do
    {
        sum=sum+i;
        i=i+2;
    }while(i<=100);
    printf("sum=%d\n",sum);
    return 0;
}
```

编译连接，运行该程序，观察并记录程序的运行结果。

（3）有一程序的功能是"从键盘上输入 m,n，求 m 和 n 之间的所有偶数和，分别用 while 循环和 do...while 循环实现，并比较它们的区别"。新建文件 syti3-4-3.c，用 do...while 循环语句实现，代码如下：

```
/*syti3-4-3.c,用do...while循环实现*/
#include <stdio.h>
int main()
{
    int m,n,k,sum=0;
    scanf("%d%d",&m,&n);
    k=m;
    do
    {
        if(k%2==0)
            sum+=k;
        k++;
    } while(k<=n);
    printf("m=%d,n=%d,sum=%d",m,n,sum);
    return 0;
}
```

（4）新建文件 syti3-4-4.c，用 while 循环语句实现，代码如下：

```
/*syti3-4-4.c,用while循环实现*/
#include <stdio.h>
int main()
{
    int m,n,k,sum=0;
    scanf("%d%d",&m,&n);
    k=m;
    while(k<=n)
    {
        if(k%2==0)
            sum+=k;
        k++;
    }
    printf("m=%d,n=%d,sum=%d",m,n,sum);
    return 0;
}
```

分别编译连接，运行上述两个程序，当输入 m 的值小于 n 的值时，观察并记录两个程序的运行结果；当输入 m 的值大于 n 的值时，观察并记录两个程序的运行结果。

（5）新建文件 syti3-4-5.c，把实验内容（1）中，修改正确的用 while 编写的程序改为用 for 循环语句编写。

3. 实验结果记录与分析

（1）在实验内容第（1）步中，程序运行结果分别是_____；出现该现象的原因是_____。对该程序进行修改，实现程序的功能，最后输出的结果是_____。

（2）在实验内容第（2）步中，程序运行结果分别是_____；出现该现象的原因是_____。对该程序进行修改，实现程序的功能，最后输出的结果是_____。

（3）在实验内容第（3）步中，当输入 m 的值小于 n 的值时，程序 syti3-4-3.c 的运行结果是_____，程序 syti3-4-4.c 的运行结果是_____；当输入 m 的值大于 n 的值时，程序 syti3-4-3.c 的运行结果是_____，程序 syti3-4-4.c 的运行结果是_____；出现该现象的原因是_____。

（4）写出程序 syti3-4-5.c 的代码。

3.2.5 实验五 多重循环语句、break 和 continue 语句

1. 实验目的

（1）掌握多重循环语句的实现机制。
（2）掌握 break 语句的作用。
（3）掌握 continue 语句的作用与 break 语句的区别。

2. 实验内容

（1）启动 Code::Blocks 程序，新建文件 syti3-5-1.c，编辑输入如下代码：

```c
/*syti3-5-1.c,循序渐进理解多重循环*/
#include <stdio.h>
int main()
{
    int x,i,j;
    printf("请输入行数:");
    scanf("%d",&x);
    i=x;
    for(j=1;j<=2*i-1;j++)
        printf("*");
    printf("\n");
    return 0;
}
```

编译连接并运行程序，观察运行结果，记录在下面的实验结果记录与分析（1）中。

（2）对 syti3-5-1.c 进行修改，修改后的代码如下：

```c
/*syti3-5-1.c,循序渐进理解多重循环*/
#include <stdio.h>
int main()
{
    int x,i,j;
    printf("请输入行数:");
    scanf("%d",&x);
    i=x;
    while(i>=1)
    {
        for(j=1;j<=2*i-1;j++)  //for循环完全包含在while循环里面
            printf("*");
        printf("\n");
        i--;
    }
    return 0;
}
```

编译连接并运行程序，观察运行结果，记录在下面的实验结果记录与分析（2）中。

（3）植树节到了，育华学校组织学生开展植树活动，有100个学生，一下午栽了100棵树。已知1个高中生一下午栽3棵树，1个初中生一下午栽2棵树，2个小学生一下午栽1棵树。问：这100个学生中，高中生、初中生、小学生可以有哪些组合？新建文件syti3-5-2.c，输入下面带空缺的代码：

```
/*syti3-5-2.c,多重循环训练 */
#include <stdio.h>
int main()
{
    int x,y,z;                    //x,y,z 分别表示高中生,初中生,小学生
    printf(" 高中生 \t 初中生 \t 小学生 \n");
    for(x=1;x<=33;x++)
        for(y=1;y<=50;y++)
        {
            _____;         // 第①空,根据高中生和初中生求出小学生
            if(_____)            // 第②空,高中生,初中生,小学生栽树数满足100
                printf("%d\t%d\t%d\n",x,y,z);
        }
    return 0;
}
```

根据题目要求和注释信息，把上述空缺补充完整，同时记录在下面的实验结果记录与分析（3）中，编译连接并运行程序，其结果也记录在下面的实验结果记录与分析（3）中。

（4）新建文件syti3-5-3.c，输入如下代码：

```
/*syti3-5-3.c,理解break语句和continue语句 */
#include <stdio.h>
int main()
{
    int i=0,sum=0;
    while(1)
    {
        i++;
        if(i%2==0)
            continue;
        sum=sum+i;
        if(sum>600)
            break;
    }
    printf("i=%d,sum=%d\n",i,sum);
    return 0;
}
```

编译连接并运行程序，观察运行结果，记录在下面的实验结果记录与分析（4）中。

3. 实验结果记录与分析

（1）在实验内容第（1）步中，程序运行后，出现"请输入行数："提示信息，你输入是_____；输出的结果是_____。该程序的功能是_____。

（2）在实验内容第（2）步的程序代码中，for循环完全包含在while循环中，while循

环体执行 1 次，for 循环的循环体执行_____次（用含变量 i 的表达式表示）。该程序的功能是：输出 x 行，每行输出_____个 "*"（用含变量 i 的表达式表示）。若输入的行数是 6 行，则输出的结果是（按输出的结果格式写出）：
_____
_____
_____
_____
_____

（3）在实验内容第（3）步的程序代码中，第①空应填：_____，第②空应填：_____。把运行结果填在如下的横线(按实际结果行数填)的相应位置处。

高中生　初中生　小学生
_____
_____
_____
_____
_____
_____

请手工检验每组结果是否正确，若不正确，分析原因并修改程序，并再次检验结果的正确性。

（4）在实验内容第（4）步中，程序运行结果是：_____。程序的功能是: _____，程序中 continue 语句的作用是：_____，break 语句的作用是：_____。

3.2.6　实验习题

1．编程，从键盘上输入一个字母字符赋给变量 ch，判断 ch 是元音，还是辅音。英语有 26 个字母，元音只包括 a、e、i、o、u 这五个字母，其余的都为辅音。y 是半元音、半辅音字母，但在英语中都把他当作辅音。

2．编程，从键盘输入一个正整数 n，判断 n 是否为回文数。所谓回文数是指正读反读为同一个数。例如：设 n 是一任意自然数。若将 n 的各位数字反向排列所得自然数 $n1$ 与 n 相等，则称 n 为一回文数。例如，若 n=1 234 321，则称 n 为一回文数；但若 n=1 234 567，则 n 不是回文数。

3．编程，从键盘上输入一个小于 10 的正整数 n，输出 n 行的数字金字塔。例如输入 n=5，则输出的数字金字塔为：

```
    1
   222
  33333
 4444444
555555555
```

3.3 教材习题解答

一、单项选择题

1. 算法是指解决一个问题的方法和步骤，它具有五个特性。若一个算法中有 b=0;c=a/b; 等步骤，则该算法违反了算法特性中的（　　）。
   A. 有穷性　　　　B. 确定性　　　　C. 可行性　　　　D. 有一个或多个输出

   【分析】算法有 5 个特性，分别是有穷性、确定性、可行性、有零个或多个输入、有一个或多个输出。其中有穷性是指算法能够在有限的步骤内完成；确定性是指算法中的每一步都是确定的，没有歧义；可行性又称有效性，是指算法中的每一步都能够有效的执行。而题目中当 b=0 时，a/b 是不可行的，不能有效的执行。

   【答案】C

2. 结构化程序设计中采用了三种基本结构，下面不属于结构化程序设计中的三种基本结构的是（　　）。
   A. 顺序结构　　　B. 分支结构　　　C. 框架结构　　　D. 循环结构

   【分析】结构化程序设计中的三种基本结构是顺序结构、选择结构和循环结构。其中选择结构又称分支结构或条件结构，循环结构又称重复结构。

   【答案】C

3. 下面选项中能表示"变量 ch 中是一个英文字母字符"的 C 语言表达式是（　　）。
   A. ch>=a && ch<=z || ch>=A && ch<=Z　　B. ch>='a' && ch<='z' || ch>='A' && ch<='Z'
   C. ch>='A' && ch<='z'　　D. ch>='a'and ch<='z' or ch>='A' && ch<='Z'

   【分析】英文字母有大小写之分，字符要有单引号引起来。

   【答案】B

4. 下面表达式的结果为 1 的是（　　）。
   A. 5>'0'　　　　B. !0　　　　C. 5>3 && 5<4　　　　D. 'a'<'B'

   【分析】在 C 语言中字符可以看成一个整数使用，其值为对应的 ASCII 码值，所以字符 '0' 的 ASCII 码值是 48，所以选项 A 的结果是 0；在 C 语言中，0 为假，假取反为真，真用 1 表示，所以选项 B 的结果为 1；5>3 结果为真，用 1 表示，5<4 结果为假，用 0 表示，1 && 0 结果为假，所以选项 C 的结果是 0；小写字符是大于大写字符，'a'<'B' 为假，所以选项 D 的结果为 0。

   【答案】B

5. 在嵌套使用 if 语句时，C 语言规定 else 总是（　　）。
   A. 和之前与其具有相同缩进位置的 if 配对
   B. 和之前与其最近的 if 配对
   C. 和之前与其最近的且不带 else 的 if 配对
   D. 和之前的第一个 if 配对

   【分析】C 语言规定 else 总是和之前与其最近的且不带 else 的 if 配对。

   【答案】C

6. 下列叙述中正确的是（　　）。
   A. break 语句只能用于 switch 语句

B．在 switch 语句中必须使用 default
C．break 语句必须与 switch 语句中的 case 配对使用
D．在 switch 语句中，不一定使用 break 语句

【分析】C 语言规定，break 语句可用于 switch 语句和循环语句中的跳转，但 switch 语句中不一定要有 break 语句，也不一定要 default 语句。

【答案】D

7．下面叙述正确的是（　　）。
A．for 循环只能用于循环次数已经确定的情况
B．for 循环同 do...while 语句一样，执行循环体再判断循环条件
C．不管哪种循环语句，都可以使用 break 语句从循环体内跳转到循环体外
D．for 循环体内不可以出现 while 语句

【分析】for 循环可以用在任何情况下的循环语句，其执行是先判断条件再执行循环体的，各种循环可以相互嵌套，即 for 循环体内可以出现 while 循环，while 循环体也可以出现 for 循环。for 循环和 while 循环是先判断条件，再执行循环。break 语句是跳出。

【答案】C

8．下列程序段

```
for(k=0,m=4;m;m-=2)
    for(n=1;n<4;n++)
        k++;
```

循环体语句"k++；"执行的次数为（　　）。
A．16　　　　B．12　　　　C．6　　　　D．8

【分析】本题主要测试计算内循环体的执行次数。内循环体的执行次数 = 外循环的次数 * 内循环的次数，本题中，外循环的次数是 2，内循环的次数是 3。

【答案】C

9．关于以下 for 循环语句，下面说法正确的是（　　）。

```
for(x=0,y=0; (y!=123) && (x<4); x++);
```

A．无限次循环　　B．循环次数不定　　C．执行 4 次循环　　D．执行 3 次循环

【分析】本题的循环体是一条空语句，主要测试读者对循环条件的理解。

【答案】C

二、填空题

1．结构化程序设计由三种基本结构组成，分别是顺序结构、_____和_____。

【分析】结构化程序设计由三种基本结构组成，分别是顺序结构、选择结构和循环结构。其中选择结构又称分支结构、条件结构；循环结构又称重复结构。

【答案】选择结构　循环结构

2．流程图中把流程线完全去掉了，全部算法写在一个矩形框内，在框内还可以包含其他框，即由一些基本的框组成一个较大的框。这种流程图称为_____流程图。

【分析】省略。

【答案】N-S 结构

3．用 C 语言表达式表示"x 是一个大于等于 5 的奇数"为_____。

【分析】"x 大于等于 5"用关系表达式可以表示成"x>=5";"x 是奇数"用关系表达式表示成"x%2==1"。它们中间要有逻辑运算符 && 连接起来。

【答案】x>=5 && x%2==1

4. 逻辑运算符 && 和 || 具有_____的特点,是指当计算了某个表达式的结果后,就能决定整个逻辑表达式的结果,则后面的表达式将不计算。

【分析】逻辑运算符 && 和 || 具有惰性求值或短路运算的特点。

例如对逻辑表达式 exp1 && exp2 求解,有以下两种情况:

(1) 若计算表达式 exp1 的结果为假,逻辑表达式 exp1 && exp2 结果一定为假,根据惰性求值的特性,则表达式 exp2 不会计算。

(2) 若计算表达式 exp1 的结果为真,逻辑表达式 exp1 && exp2 结果由表达式 exp2 的结果决定,则必须要计算表达式 exp2 的结果;若 exp2 的结果为真,则逻辑表达式 exp1 && exp2 结果也为真,否则逻辑表达式 exp1 && exp2 结果为假。

又例如对逻辑表达式 exp1 || exp2 求解,有以下两种情况:

(1) 若计算表达式 exp1 的结果为真,逻辑表达式 exp1 || exp2 结果一定为真,根据惰性求值的特性,则表达式 exp2 不会计算。

(2) 若计算表达式 exp1 的结果为假,逻辑表达式 exp1 || exp2 结果由表达式 exp2 的结果决定,则必须要计算表达式 exp2 的结果;若 exp2 的结果为真,则逻辑表达式 exp1 || exp2 结果也为真,否则逻辑表达式 exp1 || exp2 结果为假。

【答案】惰性求值或短路运算

5. 设有如下程序段:

```
int x=0,y=1;
do
{    y+=x++;
}while(x<4);
printf("%d\n",y);
```

上述程序段的输出结果是_____。

【分析】本题主要测试对 do 循环语句和赋值语句 y+=x++; 的理解。do 循环语句是先执行循环体,再判断条件,若条件成立,则继续执行循环体,否则退出循环。语句 y+=x++,相当于先执行语句 y=y+x,再执行语句 x=x+1。

【答案】7

6. 有如下程序段:

```
x=3;
do
{
    printf("%d",x--);
}
while(!x);
```

该程序段的输出结果是:_____。

【分析】本题主要测试对 do while 循环的理解,该循环是先执行循环体,再判断条件。条件是 x 为 2(非零值),即为真,但在前面有 ! 运算符,即进行非运算,所以 !x 的结果为假,即条件为假退出循环。

【答案】3

7. 执行下列程序段后，i 的值是：_____。

```c
#include <stdio.h>
int main()
{
    int i,x;
    for(i=1,x=1;i<=20;i++)
    {   if(x%2==1)   { x+=5;continue; }
        if(x>=10)   break;
        x-=3;
    }
}
```

【分析】本题主要测试对 for 循环体内 continue 语句和 break 语句的理解，continue 语句的作用是继续从循环开始处执行下一次循环，break 语句的作用是退出循环，执行循环体外的第一条语句。此程序中变量 i 是循环变量，也是用于统计循环体执行的次数。

【答案】6

8. 以下程序的功能是：输出 a,b,c 三个变量中的最小值，请填空。

```c
#include <stdio.h>
int main()
{   int a,b,c,t1,t2;
    scanf("%d%d%d",&a,&b,&c);
    t1=a<b?_____;
    t2=c<t1?_____;
    printf("d\n",t2);
}
```

【分析】本题主要测试条件运算符（?:），条件表达式的格式如下：

条件 ? 表达式1 : 表达式2

其含义是若条件为真，则计算表达式1的值，并以表达式1的结果作为整个条件表达式的结果，反之，则计算表达式2的值，并以表达式2的结果作为整个条件表达式的结果。

【答案】a:b   c:t1

三、程序分析题

1. 分析下列程序，写出运行输出结果。

```c
#include <stdio.h>
int main()
{
    int x=4,y=1,z=0,m,n,k;
    m=x>y || z++;
    printf("%d,%d\n",z,m);
    return 0;
}
```

【分析】根据逻辑运算符 || 的短路特性，x>y 为真，则用 || 连接的逻辑表达式一定为真，此时后面的表达式不会计算，即 z++ 不会执行。

【答案】0,1

2. 分析下列程序，写出运行输出结果。

```
#include <stdio.h>
int main()
{   int a=50,b=20,c=10;
    int x=5,y=0;
    if(a<b)
        if(b!=10)
            if(!x)   x=1;
            else if(y) x=10;
    x=-9;
    printf("%d",x);
}
```

【分析】本题主要测试对 if 语句和 if 语句嵌套的理解，C 语言规定：else 总是与其前面没有配对的最近的 if 语句配对。程序中的 else 是与 if(!x) 配对的，不是与 if(b!=10)，更不是与 if(a<b) 配对。可以通过对程序画框架来理解。框架如下：

```
#include <stdio.h>
int main()
{   int a=50,b=20,c=10;
    int x=5,y=0;
    if(a<b)
      if(b!=10)
          if(!x)   x=1;
          else   if(y) x=10;
    x=-9;
    printf("%d",x);
}
```

从上面可以看出语句 x=-9; 不属于任一个 if 语句。

【答案】-9

3．分析下列程序，写出运行输出结果。

```
#include <stdio.h>
int main()
{   float c=3.0,d=4.0;
    if(c>d)   c=5.0;
    else
        if(c==d) c=6.0;
        else c=7.0;
    printf("%.1f\n",c);
}
```

【分析】本题的测试点与上题一样。上例中的 if 语句主要嵌套在 if 后面的语句中，本题的 if 语句嵌套在 else 后面的语句中，注意 C 语言中 if 语句灵活的书写格式。

【答案】7.0

4．分析下列程序，写出运行输出结果。

```
#include <stdio.h>
int main()
{   int x=10,y=5;
    switch(x)
    {   case 1:x++;
        default:x+=y;
```

```
            case 2:y--;
            case 3:x--;
        }
        printf("x=%d,y=%d",x,y);
    }
```

【分析】switch 语句的执行过程如下：首先计算表达式的值，然后用此值来查找各个 case 后面的常量表达式，直到找到一个等于表达式值的常量表达式，则转向该 case 后面的语句去执行；若表达式的值不等于任何一个 case 后面的常量表达式的值，则转向 default 后面的语句去执行，不管 default 放在 switch 语句模块中的任何位置，如果没有 default 部分，则将不执行 switch 开关语句中的任何语句，而直接去执行 switch 后面的语句。如果要跳出 switch 语句，则要用 break 语句，否则一直执行下去，直到 switch 语句结束。此程序中没有一个常量表达式的值与 x 的值相等，因此执行 default 后面的语句，因为没有 break 语句，所以又依次执行语句 y--; 和 x--;。

【答案】x=14,y=4

5. 分析下列程序，写出运行输出结果。

```
#include <stdio.h>
int main()
{   int i=0,j=9,k=3,s=0;
    for(;;)
    {   i+=k;
        if(i>j) break;
        s+=i;
    }
    printf("%d",s);
    return 0;
}
```

【分析】本题主要测试对循环语句 for(;;) 的理解，虽然 for(;;) 中没有循环结束条件，但循环体内通过选择语句 if 来判断，若条件 i>j 成立，则执行 break 语句，跳出循环体，否则继续执行循环语句。在循环体中，①执行 i+=k; 语句，此时变量 i 的值为 3，i>j 为假，执行 s+=i; 语句，s 的值为 3。②转到循环开始，执行 i+=k; 语句，此时变量 i 的值为 6，条件 i>j 为假，执行 s+=i; 语句，s 的值为 9。③转到循环开始处，执行 i+=k; 语句，变量 i 的值为 9，条件 i>j 仍为假，执行 s+=i; 语句，s 的值为 18。④转到循环开始处，执行 i+=k;，变量 i 的值为 12，条件 i>j 为真，执行 break; 语句，跳出循环，输出变量 s 的值为 18。

【答案】18

6. 分析下列程序，写出运行输出结果。

```
#include <stdio.h>
int main()
{   int y=10;
    while(y--);
    printf("y=%d\n",y);
}
```

【分析】本题主要测试对 while 循环语句的理解，同时又要注意条件 y--，先判断 y 的值是否为 0，再执行自减操作。在 C 语言中，0 为假，非 0 为真。当 y 为 0 时，跳出循环，y 自减后，则为 -1。

【答案】-1

7. 分析下列程序，写出运行输出结果。

```c
#include <stdio.h>
int main()
{
    int a=0,i;
    for(i=1;i<5;i++)
    {
        switch(i)
        {
            case 0:
            case 3: a+=2;
            case 1:
            case 2: a+=3;
            default: a+=5;
        }
    }
    printf("%d\n",a);
    return 0;
}
```

【分析】本题主要测试对 for 循环中 switch 语句的理解，尤其是 switch 语句中各 case 语句后面没有 break 语句的执行情况的理解。

【答案】31

8. 分析下列程序，写出运行输出结果。

```c
#include <stdio.h>
int main()
{
    int n=12345,d;
    while(n!=0)
    {   d=n%10;
        printf("%d",d);
        n/=10;
    }
}
```

【分析】本程序主要功能是把整数 n 反序输出，即依次从低位逐渐到高位输出。

【答案】54321

四、编程题

1. 编写程序，输入一个整数，打印出它是奇数还是偶数。

【分析】本题主要学习用 if 语句编程。判断一个数是否能被另一个数整除的方法有多种，下面给出其中的三种：a%2==0，a/2*2==a 或者 a-a/2*2==0。

【答案】

```c
#include <stdio.h>
int main()
{   int a;
    printf("a=");                  /* 输出提示信息 a=*/
    scanf("%d",&a);                /* 从键盘输入一个数赋给变量 a*/
```

```
        if(a%2==0)                          /* 判断a是否能被2整除 */
            printf("%d is an even number!\n",a);
                                            /* 若能，则输出a是一个偶数的英文提示 */
        else
            printf("%d is an odd number!\n",a);
                                            /* 若不能，则输出a是一个奇数的英文提示 */
        return 0;
    }
```

2. 编写程序，根据输入的 x 值，通过下式，计算 z 的值。

$$z = \begin{cases} \dfrac{1}{6}e^x + \sin x & x > 1 \\ \sqrt{2x+5} & -1 < x \leqslant 1 \\ \dfrac{|x+4|}{x^3-8} & x \leqslant -1 \end{cases}$$

【分析】本题主要学习用if语句编程，有多种解题方法可以实现，下面给出其中的一种，其N-S流程图如图3-1所示。

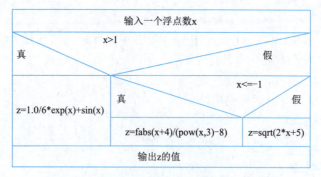

图3-1　第2题N-S流程图

【答案】
```
#include <math.h>
#include <stdio.h>
int main()
{
    float x,z;
    scanf("%f",&x);                         // 输入 x
    if(x>1)   z=1.0/6*exp(x)+sin(x);
    else
        if(x<=-1)   z=fabs(x+4)/(pow(x,3)-8);
        else  z=sqrt(2*x+5);
    printf("%.2f",z);                       // 输出 z,保留 2 位小数
    return 0;
}
```

3. 从键盘上输入3个整数 a、b 和 c，编写程序将它们按从小到大排序。

【分析】有两种方法可以实现。方法一不改变原变量中的值，按从小到大排序输出；方法二是改变变量中的值，使得 a 最小，c 最大，b 次之，然后输出 a，b，c。N-S流程图如图3-2、图3-3所示。

【**答案**】方法一如下：

```
#include <stdio.h>
int main()
{   int a,b,c;
    printf("a="); scanf("%d",&a);
    printf("b="); scanf("%d",&b);
    printf("c="); scanf("%d",&c);
    if(a<b&&a<c)
        if(b<c)  printf("%d,%d,%d\n",a,b,c);
        else  printf("%d,%d,%d\n",a,c,b);
    if(b<a&&b<c)
        if(a<c)  printf("%d,%d,%d\n",b,a,c);
        else  printf("%d,%d,%d\n",b,c,a);
    if(c<a&&c<b)
        if(a<b)  printf("%d,%d,%d\n",c,a,b);
        else  printf("%d,%d,%d\n",c,b,a);
    return 0;
}
```

方法二如下：

```
#include <stdio.h>
int main()
{   int a,b,c,temp;
    printf("Please input three numbers(such as 5 8 3):");
    scanf("%d%d%d",&a,&b,&c);
    if(a>b)                    /*保证a≤b*/
    { temp=a;a=b;b=temp; }
    if(a>c)                    /*保证a≤c*/
    { temp=a;a=c;c=temp; }
    if(b>c)                    /*保证b≤c*/
    {temp=c;c=b;b=temp;}
    printf("Three numbers after sorted: %d,%d, %d\n",a,b,c);
}
```

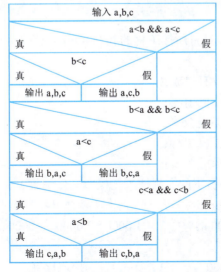

图3-2　第3题方法一流程图

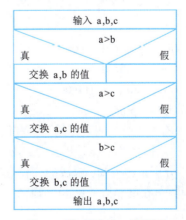

图3-3　第3题方法二流程图

4. 输入三条边长 a、b 和 c，如果它们能构成三角形就计算该三角形的面积，否则输出"不是三角形"的信息。

【分析】构成三角形的条件是任意两边之和大于第三边，先判断是否满足该条件，如果满足，再根据海伦公式求出三角形的面积，否则输出"不是三角形"的信息，其算法流程图如图3-4所示。

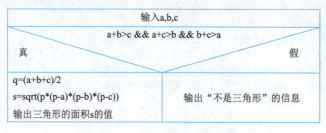

图3-4　第4题算法流程图

【答案】
```
#include <math.h>
#include <stdio.h>
int main()
{
    float a,b,c,p,s;
    printf("请输入三边长（例如 3 4 5):");
    scanf("%f%f%f",&a,&b,&c);
    if(a+b>c && a+c>b && b+c>a)
    {
        p=(a+b+c)/2;
        s=sqrt(p*(p-a)*(p-b)*(p-c));
        printf("三角形面积=%.2f\n",s);
    }
    else
        printf(" 不是三角形 \n");
    return 0;
}
```

5. 已知某公司员工的保底薪水为 5 000 元，某月所接工程的利润 profit（整数）与利润提成的关系如下：（计量单位：元）

profit ≤ 10000　　　　　　　　　没有提成；
10 000 < profit ≤ 20 000　　　　　提成 10%；
20 000 < profit ≤ 50 000　　　　　提成 15%；
50 000 < profit ≤ 100 000　　　　 提成 20%；
100 000 < profit　　　　　　　　　提成 25%；

要求输入某员工的某月的工程利润，输出该员工的实领薪水（保留2位小数）。

【分析】为使用 switch 语句，必须将利润 profit 与提成的关系转换成某些整数与提成的关系。分析本题可知，提成的变化点都是 10000 的整数倍（10 000、20 000、5 0000、…），如果将利润 profit 整除 1 0000，则：

利润	利润/1 000	提成比例
profit ≤ 1 0000	对应 0,1	没有提成
1 0000 < profit ≤ 2 0000	对应 1,2	提成 10%

2 0000 < profit ≤ 5 0000	对应 2, 3, 4, 5	提成 15%
5 0000 < profit ≤ 10 0000	对应 5, 6, 7, 8, 9, 10	提成 20%
10 0000 < profit	对应 10, 11, 12, …	提成 25%

为解决相邻两个区间的重叠问题，最简单的方法是，利润 profit 先减 1（最小增量），然后整除 10 000，即：

利润 -1	（利润 -1)/1 0000	提成比例
profit-1<1 0000	对应 0	没有提成
1 0000 ≤ profit-1 < 2 0000	对应 1	提成 10%
2 0000 ≤ profit-1 < 5 0000	对应 2, 3, 4	提成 15%
5 0000 ≤ profit-1 < 10 0000	对应 5, 6, 7, 8, 9	提成 20%
10 0000 ≤ profit-1	对应 10, 11, 12、…	提成 25%

【答案】

```c
/* 方法一，用 switch 语句实现 */
#include <stdio.h>
int main()
{   long   profit;
    int    grade;
    float  salary=5000;
    printf("Input  profit: ");
    scanf("%ld", &profit);
    grade=(profit-1)/10000;
    switch(grade)
    {   case 0: break;                                   /*profit≤10000*/
        case 1: salary+=profit*0.1;  break;   /*10000<profit≤20000*/
        case 2:
        case 3:
        case 4: salary+=profit*0.15; break; /*20000<profit≤50000*/
        case 5:
        case 6:
        case 7:
        case 8:
        case 9: salary+=profit*0.2; break;/*50000<profit≤100000*/
        default: salary+=profit*0.25;   /*100000<profit*/
    }
    printf("salary=%.2f\n", salary);
    return 0;
}
/* 方法二，用嵌套的 if 语句实现 */
#include<stdio.h>
int main()
{   float salary=5000,d;
    int profit;
    scanf("%d",&profit);
    if (profit<0)  printf("Input error!\n");
    else
    {
        if(profit<=10000) d=0;
        else if(profit<=20000) d=0.1;
```

```
        else if(profit<=50000) d=0.15;
        else if(profit<=100000) d=0.2;
        else d=0.25;
        salary=salary+profit*d;
        printf("%.2f\n",salary);
    }
    return 0;
}
```

6. 编程求 100 以内所有 3 的倍数的累计和。

【分析】本题要用循环来实现，一般情况下，要实现累加或累乘都要用循环来实现，且在进入循环之前，要对累加变量赋初值为 0，累乘变量赋初值为 1。算法 N-S 流程图如图 3-5 所示。

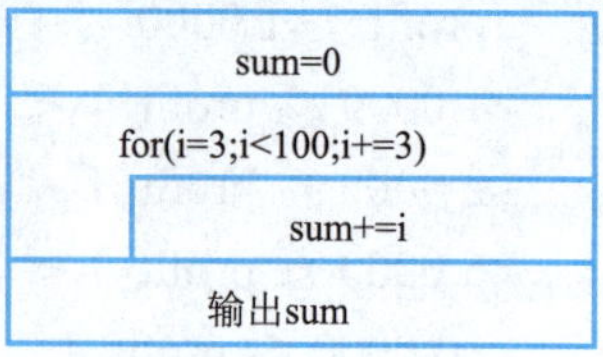

【答案】

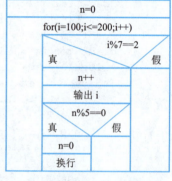

图3-5　第6题算法N-S流程图

```
#include <stdio.h>
int main()
{   int i,sum=0;
    for(i=3;i<100;i+=3) sum+=i;
    printf("\nsum=%d\n",sum);
}
```

7. 编程显示 [100,200] 范围内所有被 7 除余 2 的整数，按每行 5 个的格式显示。

【分析】把 [100,200] 中的每一个数除以 7，看其余数是否为 2，若为 2，则把该数输出。代码中的变量 n 用于控制每行输出 5 个数，使得输出结果成行输出，更加清晰。算法 N-S 流程图如图 3-6 所示。

【答案】程序清单如下：

```
#include <stdio.h>
int main()
{   int i,n=0;
    printf("\n");
    for(i=100;i<=200;i++)
        if(i%7==2)                   /* 判断 i 能被 7 除余 2 */
        {   n++;                     /* 若能，则 n 计数 */
            printf("%6d",i);         /* 输出 i，占 6 个宽度 */
            if(n==5)                 /* 若 n 为 5，则 n=0，换行 */
            {   n=0;
                printf("\n");
            }
        }
}
```

图3-6　第7题算法N-S流程图

8. 编程求 Fibonacci 数列的前 40 个数。该数列的生成方法为 $f_1=1$，$f_2=1$，$f_n=f_{n-1}+f_{n-2}$（$n \geqslant 3$），即从第 3 个数开始，每个数等于前 2 个数之和。

【分析】从 Fibonacci 数列通项 $f_n=f_{n-1}+f_{n-2}$ 可知，要求 f_3，必须知道 f_1，f_2，即要求 f_n，必须先求 f_{n-1} 和 f_{n-2}，由此可以顺序地求出数列的各项。算法 N-S 流程图如图 3-7 所示。

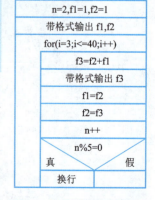

图3-7　第8题算法N-S流程图

【答案】程序清单如下：

```c
#include <stdio.h>
int main()
{   int i,n=2;              /*n 控制一行的个数，因为先输出了 f1 和 f2，故初值为 2*/
    long f1=1,f2=2,f3;
    printf("%10ld    %10ld  ",f1,f2);
    for(i=3;i<=40;i++)
    {   f3=f1+f2;            /* 求数列的下一项 */
        printf("%10ld  ",f3);
        f1=f2;               /*f1 中放数列的前两项的值 */
        f2=f3;               /*f2 中放数列的前一项的值 */
        n++;
        if(n%5==0)           /* 每一行输出 5 个数 */
            printf("\n");
    }
}
```

9. 编程，计算 $\sin(x)=x-x^3/3!+x^5/5!-x^7/7!+\cdots$，直到最后一项的绝对值小于 10^{-7} 时，停止计算，x 由键盘输入。（提示：使用迭代法）

【分析】这虽然是一个求解数学式，但用一般的数学方法是解不出来的，只有借助计算机来计算。从表达式 $x-x^3/3!+x^5/5!-x^7/7!+...$ 中可以看出：

第 0 项为 $t_0=x$；

第 1 项为 $t_1=-x^3/3!=x*(-x^2/(2*3))=t_0*(-x^2/(2*3))=t_0*(-x^2/(2*1*(2*1+1)))$；

第 2 项为 $t_2=x^5/5!=(-x^3/3!)*(-x^2/4*5)=t_1*(-x^2/(2*2*(2*2+1)))$；

⋮

第 n 项为 $t_n=t_{n-1}*(-x^2/(2*n*(2*n+1)))$；（迭代关系式）

即若前一项为 t_{n-1}，则后一项为 $t_{n-1}*(-x^2/(2n*(2n+1)))$。

算法 N-S 流程图如图 3-8 所示。

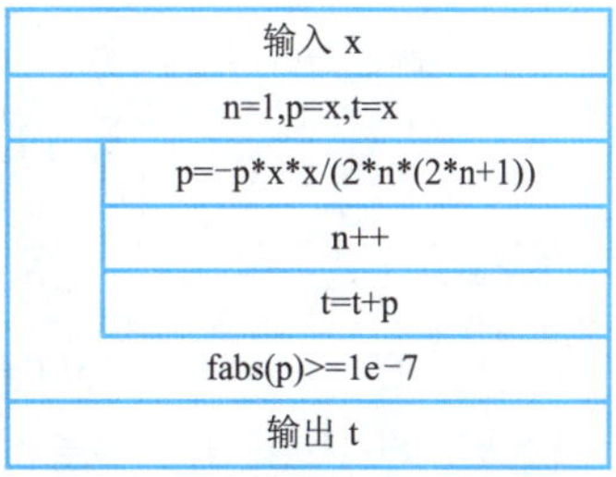

输入 x
n=1,p=x,t=x
p=-p*x*x/(2*n*(2*n+1))
n++
t=t+p
fabs(p)>=1e-7
输出 t

图3-8　第9题算法N-S流程图

【答案】

```c
#include <stdio.h>
#include <math.h>
int main()
{   int n=1;                 /*n 用来控制第 n 项 */
    float x,p,t;
    scanf("%f",&x);
    p=x;                     /* 把第 0 项赋给 p*/
    t=x;                     /*t 为前 n 项之和 */
    do
    {   p=-p*x*x/(2*n*(2*n+1));    /* 计算下一项的值 */
        t=t+p;                     /* 计算前 n 项之和 */
        n++;
    }while(fabs(p)>=1e-7);         /* 判断第 n 项的绝对值大于等于 10-7*/
    printf("\nsin(%f)=%f\n",x,t);
}
```

10. 相传国际象棋是古印度舍罕王的宰相达依尔发明的。舍罕王十分喜欢象棋，决定让宰相自己选择何种赏赐。这位聪明的宰相指着 8×8 共 64 格的象棋盘说：陛下，请您赏给我一些麦子吧，就在棋盘的第一个格子中放 1 粒，第 2 格中放 2 粒，第 3 格放 4 粒，以后每一格都比前一格增加一倍，依此放完棋盘上的 64 个格子，我就感恩不尽了。舍罕王让人扛来一袋麦子，他要兑现他的许诺。国王能兑现他的许诺吗？试编程计算舍罕王共要多少麦子赏赐他的宰相，这些麦子合多少立方米？（已知 1 立方米麦子约 1.42×10^8 粒）。（提示：要用双精度数据类型）

【分析】上述故事说明，国际象棋的棋盘，第 1 格中麦子数为 2^0，第 2 格为 2^1，第 3 格为 2^2，第 4 格为 2^3，依次类推，第 n 格为 2^{n-1}，第 64 格应为 2^{63}。

因此麦子的总粒数应为：
$$s=2^0+2^1+2^2+2^3+...+2^{63}$$

后一格的麦子数是前一格麦子数 *2 所得，所以使用循环结构来求解，在循环体中既有累加（求前 n 个格子的麦子数之和），也有累乘（求 2^n）。

算法 N-S 流程图如图 3-9 所示。

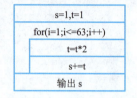

图3-9 第10题算法N-S流程图

【答案】
```
#include <stdio.h>
int main()
{
    int i;
    double s=1,t=1;     /*s用于累加的和，t为第i项的麦子数 */
    for(i=1;i<=63;i++)
    {
        t=t*2;
        s+=t;
    }
    printf(" 麦子的总粒数 =%e\n 麦子的体积为 =%e\n",s,s/1.42e8);
    return 0;
}
```

11. 编程：输入一个正整数，输出它的各位数字之和。例如输入 1869，则输出 9+6+8+1=24。（提示：正整数的位数不确定）

【分析】其算法流程图如图 3-10 所示。

【答案】
```
#include <stdio.h>
int main()
{
    int num,s=0,n;
    printf("Please input num:");
    scanf("%d",&num);
    while(num)
    {
        n=num%10;
        s=s+n;
        printf("%d",n)
        if(num/10)printf("+");
        else printf("=");
        num=num/10;
    }
    printf("%d\n",s);
```

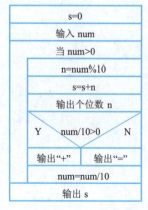

图3-10 第11题算法流程图

```
        return 0;
}
```

12. 将一个正整数分解质因数。例如，输入 120，打印出 120=2*2*2*3*5。

【分析】对 n 进行分解质因数，应先找到一个最小的质数 k，然后按下述步骤完成：

（1）如果这个质数恰等于 n，则说明分解质因数的过程已经结束，打印即可。

（2）如果 n ≠ k，但 n 能被 k 整除，则应打印出 k 的值，并用 n 除以 k 的商，作为新的正整数 n，重复执行第一步。

（3）如果 n 不能被 k 整除，则用 k+1 作为 k 的值，重复执行第一步。

【答案】

```
#include <stdio.h>
int main()
{   int n,i;
    printf("\nPlease input a number:");
    scanf("%d",&n);
    printf("%d=",n);
    for(i=2;i<=n;i++)
        while(n!=i)
            if(n%i==0)
            {   printf("%d*",i);
                n=n/i;
            }
            else break;
    printf("%d\n",n);
    return 0;
}
```

13. 求 $e \approx 1 + \dfrac{1}{1!} + \dfrac{1}{2!} + \dfrac{1}{3!} + \cdots + \dfrac{1}{n!}$。

（1）直到第 50 项；

（2）直到最后一项小于 10^{-6}。

【分析】从表达式中可以看出，第 m 项是前一项值除以 m 所得结果。因此本题可以使用循环结构，逐步求出每一项的值，并进行累加，最后的结果即为所求值 e。程序中变量 s 保存累加和的值，变量 t 为第 i 项的值。问题（1）只要求前 50 项的结果，即当 i 大于 50 时，循环结束；问题（2）当 t 的值小于 10^{-6} 时结束。其算法流程图分别如图 3-11、图 3-12 所示。

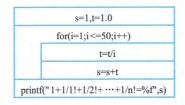

图3-11　第13题问题（1）算法流程图

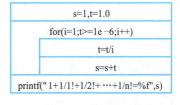

图3-12　第13题问题（2）算法流程图

【答案】

问题（1）：

```
#include <stdio.h>
```

```
int main()
{   int i;
    float s=1,t=1.0;
    for(i=1;i<=50;i++)
    {   t=t/i;
        s=s+t;
    }
    printf("1+1/1!+1/2!+…+1/n!=%f\n",s);
}
```

问题（2）：

```
#include <stdio.h>
int main()
{   int i;
    float s=1,t=1.0;
    for(i=1;t>=1e-6;i++)
    {   t=t/i;
        s=s+t;
    }
    printf("\n1+1/1!+1/2!+…+1/n!=%f\n",s);
}
```

14. 编程用循环程序实现在屏幕中央输出如下图形。提示在 C 语言中，认为每行由 80 列组成，屏幕中央即为 40 列。

```
            A
           ABA
          ABCBA
         ABCDCBA
        ABCDEDCBA
       ABCDEFEDCBA
        ABCDEDCBA
         ABCDCBA
          ABCBA
           ABA
            A
```

【分析】该图形上下左右是对称的，在每一行输出前要先输出空格，因为题目要求在屏幕中央输出，具体看注释。

【答案】
```
#include <stdio.h>
#define N 6
int main()
{   int i,j;
    char c;
    for(i=1;i<=N;i++)                  //输出上半部分
    {
        for(j=1;j<40-i;j++)
            printf(" ");                //控制图形居中输出空格
        c='A';                          //每行从 A 开始
        for(j=1;j<=i;j++)               //输出本行前半部分字符
            printf("%c",c++);
```

```
            c=c-2;                    // 准备输出本行后半部分字符
            for(j=1;j<i;j++)
                printf("%c",c--);     // 输出本行后半部分字符
            printf("\n");             // 换行
        }
        for(i=N-1;i>=1;i--)           // 输出下半部分
        {
            for(j=1;j<40-i;j++)
                printf(" ");
            c='A';
            for(j=1;j<=i;j++)
                printf("%c",c++);
            c=c-2;
            for(j=1;j<i;j++)
                printf("%c",c--);
            printf("\n");
        }
}
```

15. 编程验证哥德巴赫猜想：任意大于等于4的偶数，可以用两个素数之和表示。例如：
4=2+2 6=3+3 8=3+5 98=19+79 32 764=16 073+16 691
用键盘输入一个充分大的偶数，输出该偶数的所有可表示的素数之和，如：
98=19+79 98=31+67 98=37+61

【分析】该问题可分以下几步进行：

（1）输入一个满足条件的偶数 n。
（2）$i=2$;。
（3）若 $i>n/2$，则结束程序。
（4）判断 i 是否为素数，若 i 为素数，则转到步骤（5）执行，否则 $i++$，转到（3）执行。
（5）$j=n-i$，判断 j 是否为素数，若 j 也为素数，则按格式要求输出 $n=i+j$。
（6）$i++$，转到（3）执行。

关于素数的求解算法，前面已经作了介绍，这里不再叙述。本题的算法流程如图 3-13 所示。

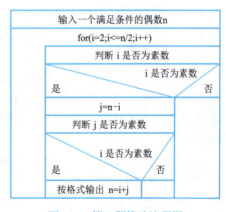

图3-13　第15题算法流程图

【答案】程序清单如下：

```
#include <stdio.h>
#include <math.h>
int main()
{
    int i,j,k,m,n,counter=0;
    do
    {
        printf("\n Please enter a even number to n:");
        scanf("%d",&n);
    }while(n<4||n%2!=0);    /*该循环保证输入的是一个大于等于4的偶数*/
    for(i=2;i<=n/2;i++)
    {
```

```
            for(k=2;k<=sqrt(i);k++)
                if(i%k==0)break;
                    if(k>sqrt(i))
                    {
                        j=n-i;
                        for(m=2;m<=sqrt(j);m++)
                            if(j%m==0)break;
                                if(m>sqrt(j))
                                {   counter++;
                                    printf("%5d=%4d+%4d ",n,i,j);
                                    if(counter%4==0)   printf("\n");
                                }
                    }
        }    /*for i=2*/
}
```

3.4 典型例题选讲

一、填空题选讲

1. 阅读下述程序，填空说明其输出结果。

```
#include <stdio.h>
int main()
{    int a=3,b=4;
     printf("%d\n",a=a+1,b+a,b=1);              /* 输出结果 (____)*/
     printf("%d\n",(a=a+1,b=a,a=1));            /* 输出结果 (____) */
}
```

【分析】第一条输出语句中，printf() 函数带有四个参数，第一个参数表示格式控制，后面的参数表示输出表达式，但在格式控制参数中只有一个格式控制符 %d，只能输出第一个表达式 a=a+1 的值，该表达式先进行赋值，再输出，所以输出结果为 4，其余两个表达式忽略。

在第二个输出语句中，printf() 函数带有两个参数，第一个参数表示格式控制，后面的为输出项，用括号括起来了，表示一个参数。括号中是一个逗号表达式，依次执行括号中的每一个表达式，最后一个表达式的结果作为整个逗号表达式的结果输出，所以为 1。

【答案】4 1

2. 以下程序不借助任何变量把 a, b 中的值进行交换，请填空。

```
#include <stdio.h>
int main()
{    int a,b;
     printf("input a,b:");
     scanf("%d,%d",____);
     a+=(____);
     b=a-(____);
     a-=(____);
     printf("a=%d,b=%d\n",a,b);
}
```

【分析】第①个空为输入变量 a，b 的值，所以为 &a,&b，要不借助中间变量交换 a，b 的值，首先第一条赋值语句是把变量 a，b 的和赋给变量 a 保存起来，即 a 的值为 a+b，所以第②个空应为 b；第二条赋值语句是把原来的变量 a 的值赋给变量 b，所以第③个空应为 b；第三条赋值语句应把原来变量 b 的值赋给变量 a，所以第④个空也为 b。

【答案】&a,&b   b   b   b

3．下列程序输出结果是_____。

```
int main()
{   int i;
    for(i=1;i+1;i++)
    {
        if(i>4)
        {   printf("%d\n",i);
            break;
        }
         printf("%d\n",i++);
    }
}
```

【分析】①当变量 i 为 1 时，i>4 为假，不执行 if 语句内的语句块，执行下面的 printf 语句，输出变量 i 的值后，再进行自增，变量 i 的值为 2。②变量 i 再自增，值为 3，i+1 为真（非零），进入循环，i>4 为假，不执行 if 语句内的语句块，执行下面的 printf 语句，输出变量 i 的值后，再进行自增，变量 i 的值为 4。③变量 i 再自增，值为 5，i+1 为真，进入循环，i>4 为真，执行 if 语句，输出变量 i 的值，执行 break 语句，退出循环，结束程序。

【答案】1
3
5

4．下列程序输出结果是 _____。

```
#include <stdio.h>
int main()
{   int s=0,k;
    for(k=7;k>4;k--)
        switch(k)
        {   case 1:
            case 4:
            case 7: s++; break;
            case 2:
            case 3:
            case 6: break;
            case 0:
            case 5: s+=2; break;
        }
    printf("s=%d\n",s);
}
```

【分析】①当 k=7 时，k>4，进入循环体，执行 switch 语句中的 case 7: 后的语句块，变量 s 的值为 1。②k--，此时变量 k 的值为 6，k>4，进入循环体，执行 switch 语句中的 case 6: 后的语句块，变量 s 的值不变。③k--，此时变量 k 的值为 5，k>4，进入循环体，执行 switch 语句中的 case 5: 后面的语句块，变量 s 的值为 3。④ k--，此时变量 k 的值为 4，k>4 为假，退出循环，输出 s 的结果，结束程序。

【答案】 s=3

5. 下列程序输出结果是_____。

```
#define B 100
int main()
{   int i=0,sum=0;
    do{
        if(i==(i/2)*2) continue;    /*若i能被2整除 */
        sum+=i;
    } while(++i<B);
    printf("%d\n",sum);
}
```

【分析】 该程序的主要功能是求 100 以内的奇数和，程序中 if(i==(i/2)*2) 是用来判断 i 是否能被 2 整除，若能则执行 continue 语句，continue 的作用是结束本次循环，继续下一次循环。若不能，则执行 sum+=i 语句。

【答案】 2500

二、单项选择题选讲

1. 下列程序的输出结果是（　　）。

```
#include <stdio.h>
int main()
{   int x=-1,y=4;
    int k;
    k=x++<=0&&!(y--<=0);
    printf("%d,%d,%d\n",k,x,y);
}
```

A. 0,0,3　　　　　　B. 0,1,2　　　　　　C. 1,0,3　　　　　　D. 1,1,2

【分析】 本题的主要测试点也在运算符的优先级和结合性，表达式 k=x++<=0&&!(y--<=0) 的运行顺序是：①先取 x 的值与 0 比较，-1<=0 成立，为真，x 再进行自增，值为 0；&& 运算符前面的表达式为真，所以要计算后面的表达式。②表达式（y--<=0）的计算顺序是先取 y 的值与 0 比较，为假，y 再进行自减，值为 3。③表达式 !(y--<=0) 是对 (y--<=0) 的值取反，所以为真。④ && 运算符后面的表达式也为真，所以整个表达式结果为真，其值表示为 1，最后赋给变量 k。

【答案】 C

2. 下列程序的输出结果是（　　）。

```
#include <stdio.h>
int main()
{   int a=0,b=0,c=0;
    if(++a>0||++b>0)  ++c;
    printf("\na=%d,b=%d,c=%d\n",a,b,c);
}
```

A. a=0,b=0,c=0　　B. a=1,b=1,c=1　　C. a=1,b=0,c=1　　D. a=0,b=1,c=1

【分析】 if 中的表达式执行顺序为：①先执行 ++a，a 的值为 1，再执行比较运算

a>0，此时 a>0 为真。②运算符 || 前的操作数为真，不管后面的操作数是否为真，整个表达式的值均为真。因为 C 语言规定，若运算符 "||" 前面的操作数为真，后面不必计算，整个表达式为真。同理，若运算符 && 前面的操作数为假，后面不必计算，整个表达式的值为假。本题中的表达式 ++b>0 不会计算。

【答案】C

3. 下述程序片段中，执行（　　）后变量 i 的值为 4。

A. int i=1,j=1,m;
　　i=j=((m=3)++);
B. int i=0,j=0;
　　(i=2,i+(j=2));
C. int i=1,j=1;
　　i+=j+=2;
D. int i=0,j=1;
　　(j==i)?i+=3:i=2;

【分析】①答案 A 中语句 i=j=((m=3)++); 是一条错误的语句。因为在 C 语言中规定自增、自减只能对变量进行，不能对表达式进行，而语句中是对赋值表达式进行自增，所以是错误的。②答案 B 中语句 (i=2,i+(j=2)); 是一条逗号表达式语句，是正确的，但执行后逗号表达式的值为 4，变量 i，j 中的值均为 2。③答案 C 中语句 i+=j+=2; 是一条复合赋值语句，是正确的，其执行顺序是：先执行 j+=2，此时变量 j 的值为 3，再执行 i+=j，此时变量 i 的值为 4。④答案 D 中语句 (j==i)?i+=3:i=2; 是条件表达式语句，是正确的，其执行顺序是：先判定条件，此时条件不成立，则执行表达式 i=2，执行完后，整个表达式的值为 2，变量 i 的值也为 2。

【答案】C

4. 若下述程序运行时输入的数据是 3.6 和 2.4，则输出结果是（　　）。

```
#include <math.h>
#include <stdio.h>
int main()
{   float x,y,z;
    scanf("%f%f",&x,&y);
    z=x/y;
    while(1)
    {   if(fabs(z)>1.0)
        { x=y; y=z; z=x/y; }
        else break;
    }
    printf("%f\n",y);
}
```

A. 1.500000　　B. 1.600000　　C. 2.000000　　D. 2.400000

【分析】①当输入 3.6，2.4 时变量 x 的值为 3.6，变量 y 的值为 2.4，变量 z 的值为 3.6/2.4，即 1.5，while(1) 是一个永真循环，此时要跳出循环循环体中必须有 break 语句。②进入循环体后判断 if 语句的条件，fabs(z) 是一个求实数绝对值的函数，条件为真，执行 if 后面的语句，此时 x=2.4，y=1.5，z=1.6。③ if 的条件仍然为真，再执行 if 后面的语句，此时 x=1.5，y=1.6，z=0.9375。④ if 的条件为假，执行 else 后面的 break 语句跳出循环体，输出变量 y 的值。

【答案】B

5. 现已定义整型变量 int i=1;，执行循环语句 while(i++<5); 后，i 的值为（　　）。

A. 1　　　　　B. 5　　　　　C. 6　　　　　D. 7

【分析】循环语句 while(i++<5); 中的循环体是一条空语句，后面只有一个分号，循环条件是 i++<5，其执行顺序是先用变量 i 中的值与 5 比较，再执行变量 i 的自增运算，当变量 i 的值为 5 时，i<5 不成立，为假，再执行变量 i 自增，此时变量 i 的值为 6，退出循环。

【答案】C

6. 若程序执行时的输入数据是 3563，则下述程序的输出结果是（　　）。

```
#include <stdio.h>
int main()
{   int c;
    while((c=getchar())!='\n')
    {   switch(c-'2')
        {   case 0:
            case 1: putchar(c+4);
            case 2: putchar(c+4); break;
            case 3: putchar(c+3);
            default: putchar(c+2);
        }
    }
}
```

A. 778788　　　　B. 778977　　　　C. 7787877　　　　D. 7788777

【分析】①在 C 语言程序中，字符型数据和整型数据在一定范围内可以通用。在本程序中定义变量 c 为整型，却当作字符型数据使用。②程序的功能是：循环地从键盘上读入字符，然后输出变换后的字符，直到输入换行符结束。当输入字符 '3' 时，表达式 c-'2' 的值为 1，执行 case 1 后面的语句 putchar(c+4);，输出字符 '7'，因为后面没有 break 语句，则执行下一语句 putchar(c+4);，又输出字符 '7'，执行 break 语句，跳出 switch 语句，从键盘输入下一个字符 '5'，此时表达式 c-'2' 的值为 3，则执行 case 3 后面的语句 putchar(c+3);，输出字符 '8'，因为后面没有 break 语句，继续执行下一条语句 putchar(c+2);，输出字符 '7'，结束 switch 语句。从键盘上再输入字符 '6'，表达式 c-'2' 的值为 4，不和 case 后的常量相配，执行 default 的后面的语句 putchar(c+2);，输出字符 '8'。再从键盘输入字符 '3'，和前面一样连续输出两个字符 '7'。最后按下回车键，结束循环，也结束了程序。

【答案】C

三、编程题选讲

1. "谁做的好事"：有四位同学中的一位做了好事，不留名，表扬信来了之后，校长问这四位，好事是谁做的。A 说："不是我。"，B 说："是 C。"，C 说："是 D"，D 说："C 在说谎。"。已知四人当中有三个人说的是真话，一个人说的是假话。现在根据这些信息，要找出做了好事的人。

【答案】

```
#include <stdio.h>
int main()
{   int k,good,sum;
    for(k=1;k<=4;k++)
    {
        sum=0;
        good=64+k;
        sum=((good!='A')+(good=='C')+(good=='D')+(good!='D'));
```

```
            if(sum==3) printf("做好事者为%c\n",k+64);
    }
}
```

运行结果如下:

做好事者为 C

2. 一个整数，它加上 100 后是一个完全平方数，再加上 168 又是一个完全平方数，请问该数是多少？（注：如果一个数的平方根的平方等于该数，这说明此数是完全平方数）

【分析】在 10 万以内判断，先将该数加上 100 后再开方，再将该数加上 268 后再开方，如果开方后的结果满足条件，即是结果。请看具体程序:

【答案】

```c
#include "math.h"
int main()
{
    long int i,x,y,z;
    for(i=1;i<100000;i++)
    {    x=sqrt(i+100);    /*x 为加上 100 后开方后的结果 */
         y=sqrt(i+268);    /*y 为再加上 168 后开方后的结果 */
         /* 如果一个数的平方根的平方等于该数，这说明此数是完全平方数 */
         if(x*x==i+100&&y*y==i+268)printf("\n%ld\n",i);
    }
}
```

3. 一个数如果恰好等于它的因子之和，这个数就称为"完数"。例如，28 的因子为 1, 2, 4, 7, 14, 而 28=1+2+4+7+14, 因此 28 是"完数"。编程序找出 1 000 以内的所有"完数"，并按下面格式输出其因子:

28 its factors are 1,2,4,7,14,

【答案】

方法一:

```c
#include <stdio.h>
int main()
{    int m,s,i;
    for(m=2;m<1000;m++)
    {    s=0;
        for(i=1;i<m;i++) if((m%i)==0) s=s+i;          /* 求所有因子的和 */
        if(s==m)           /* 如果所有因子的和 s 与 m 相等，则 m 是一个完数 */
        {    printf("%d its factors are ",m);          /* 输出完数 */
            for(i=1;i<m;i++) if(m%i==0)
                printf("%d,",i);                        /* 输出完数 m 的各因子 */
            printf("\n");
        }
    }
}
```

运行结果如下:

```
6 its factors are 1,2,3
28 its factors are 1,2,4,7,14
496 its factors are 1,2,4,8,16,31,62,124,248
```

方法二：此题用数组方法更为简单。

```c
#include <stdio.h>
int main()
{   int b[11];      /* 定义一维数组b*/
    int i,a,n,s;
    for(a=2;a<=1000;a++)
    {   n=0;
        s=a;
        for(i=1;i<a;i++)
            if((a%i)==0)
            {   n++;
                s=s-i;
                b[n]=i;          /* 将找到的因子赋给b[1]…b[10]*/
            }
        if(s==0)                 /*s为0,说明m是完数 */
        {   printf("\n%d its factors are:",a);    /* 输出完数m*/
            for(i=1;i<=n;i++)
                printf("%d,",b[i]);               /* 输出各因子 */
        }
    }   /*for a=2*/
    printf("\n");
}
```

4. 问题：甲遇到乙，乙找甲谈一个换钱的计划，该计划如下：我每天给你10万元，而你第一天只需给我一元钱，第二天我仍给你10万元，你给我两元钱，第三天我仍给你10万元，你给我4元钱，……你每天给我的钱是前一天的两倍，我每天给你10万元，直到满一个月（30天）。甲很高兴，欣然接受了这个契约。请编写一个程序计算这一个月中乙给了甲多少钱，甲给乙多少钱。

【分析】设变量s记录甲给乙的钱，变量t记录乙给甲的钱（以元为单位）。

第一天：s=1   t=100 000
第二天：s=1+2   t=100 000+100 000
第三天：s=1+2+4   t=100 000+100 000+100 000
……
第三十天：s=1+2+4+…+2^{29} t=100 000×30

【答案】

```c
#include <stdio.h>
int main()
{   int i;
    long int a=1,s=1,t=100000;
    for(i=1;i<30;i++)
    { a=a*2;   s=s+a;   t=t+100000; }
    printf("\ns=%ld,t=%ld",s,t);
}
```

运行结果如下：

```
s=1073741823, t=3000000
```

5. 键入 a 和 n 的值，求多项式的和 S_n=a+aa+aaa+aaaa+…+aaa…，其中 n 为项数，a 为

一位阿拉伯数字。例如：当 $a=2$，$n=5$ 时，多项式写为 2+22+222+2222+22222。

【分析】等式 S_n= a+aa+aaa+…+aaa…可写成 $S_n=t_1+t_2+t_3+…+t_n$，其中 $t_n=t_{n-1}×10+a$。在程序中变量 sn 表示累加之和，变量 tn 表示第 n 项。

【答案】用 for 循环语句实现。

```
#include <stdio.h>
int main()
{   int n,j;
    long int a,sn=0,tn=0;
    printf("a,n=: ");
    scanf("%ld,%d",&a,&n);
    for(j=1;j<=n;j++)
       { tn=tn+a;                /* 赋值后的 tn 为 j 个 a 组成的数的值 */
         sn=sn+tn;               /* 赋值后的 sn 为多项式前 j 项之和 */
         tn=tn*10;
       }
    printf("a+aa+aaa+…=%ld\n",sn);
}
```

运行结果如下：

```
a,n=: 2,5
a+aa+aaa+…=24690
```

6. 用二分法求方程 $2x^3-4x^2+3x-6=0$ 在 (-10,10) 之间的近似根。

【答案】

```
#include <stdio.h>
#include <math.h>
#include <conio.h>
int main()
{   float l=-10,r=10,root,mid,fmid,fl;
    while(fabs(l-r)>1e-6)
    {
        mid=(l+r)/2;
        fmid=2*mid*mid*mid-4*mid*mid+3*mid-6;
        if(fmid==0)   break;
        fl=2*l*l*l-4*l*l+3*l-6;
        if(fl*fmid<0)   r=mid;
        else   l=mid;
    }
    root=mid;
    printf("the only one root is %f \n",root);
    return 0;
}
```

第 4 章 函　　数

4.1　本章要点

1. 函数的定义格式

```
类型标识符　函数名([<形式参数表>])
{
    函数体
}
```

2. 函数形参与实参

"形参"是一种形式上的定义，或者说是一种"接口"描述，通过这个接口，调用者就知道应该给函数传递什么样的数据；调用函数时的实际数据称为"实参"。

3. 函数的参数传递方式：值传递方式和地址传递方式

值传递方式的特点是：仅将实参的值传给形参，实参与形参互不影响。

地址传递方式的特点是：将实参的地址传给形参，形参接收的不是实参的值，而是实参的地址。

4. 函数的嵌套调用与递归调用

"嵌套调用"就是一个被调函数，在它执行还未结束之前又去调用另一个函数，这种调用关系可以有嵌套多层。

"递归调用"是指一个函数在执行时调用的是自己，形成一个循环调用。

5. 变量的作用域：局部变量和全局变量

局部变量的作用域仅局限在定义它的范围内，如函数、分程序内。

全局变量的作用域在整个程序中都可访问。

6. 变量的存储类别：动态变量、静态变量、寄存器变量

局部自动变量分配在栈中，程序通过 malloc() 函数动态创建的数据分配在堆中。

局部静态变量和全局变量分配在静态存储区中。

寄存器变量分配在通用寄存器中。

7. 编译预处理：宏定义、文件包含

（1）宏定义：

格式1：不带参数的宏定义

```
#define　宏名　宏体
```

格式2：带参数的宏定义

```
#define　宏名(形参表)　宏体
```

（2）文件包含：

格式：

```
#include <头文件>
```

或

```
#include "头文件"
```

 4.2 实验指导

4.2.1 实验一 C 函数常见错误

1．实验目的

（1）能熟练识别各种 C 函数定义的语法错误。

（2）能准确判别常见的 C 函数中的逻辑错误。

2．实验内容

（1）在 Code::Blocks 中新建文件 syti4-1-1.c，并在其中输入以下函数，函数功能是求 x 以内的正整数的和。

```
int sum(int x)
{
    int i,s=0;
    for(i=1;i<=x;i++)
        s=s+i;
    return s;
}
```

（2）编写 main() 函数并调用上述 sum 函数，求 50 以内的所有正整数的和。

（3）将函数头部"int sum(int x)"改为"int sum(int x);"，并重新编译链接运行，看是否能正常运行。

（4）新建文件 syti4-1-2.c，并输入以下代码，程序是求任意两个整数的最大数。

```
int max(int x,y)
{
    if(x>y)
        printf("%d\n",x);
    else
        printf("%d\n",y);
}
int main()
{
    printf("最大数是%d\n",max(5,8));
    return 0;
}
```

（5）对上述程序进行编译链接运行，若不能运行，则对相关错误进行修改，使程序能正常运行。

（6）查看修改后程序的运行结果，发现有何不妥之处。

（7）将 main() 函数中的语句"printf("最大数是%d\n",max(5,8));"改为"max(5,8);"，

并再次查看程序运行结果。

（8）对上述（6）、（7）步的运行结果进行综合分析，从中发现问题，并思考 max 函数应该如何修改。

（9）新建文件 syti4-1-3.c，并输入以下代码，程序是根据海伦公式求三角形的面积。

```c
#include <stdio.h>
#include <math.h>
helen(float a,float b,float c)
{
    float a,b,c,p,s;
    printf("请输入a,b,c的值（用逗号间隔）:");
    scanf("%d,%d,%d",&a,&b,&c);
    p = (a+b+c)/2;
    s = sqrt(p*(p-a)*(p-b)*(p-c));
    return s;
}
int main()
{
    float a,b,c;
    printf("面积是%f\n",helen(a,b,c));
    return 0;
}
```

（10）分析上述程序，指出其中有哪些问题和错误；修改程序，使得程序步骤安排合理，且运行能得到正确的结果。

3. 实验结果记录与分析

（1）实验内容第（2）步的结果是_____。

（2）实验内容第（3）步，build message 选项卡中的相关信息是_____，出现该信息的原因是_____。

（3）实验内容第（5）步，"build message"选项卡中的相关信息是_____，出现该信息的原因是_____。你做出的修改是_____。

（4）实验内容第（6）步，程序运行结果是_____，不妥之处是_____。

（5）实验内容第（8）步，写出你对 max() 函数的最合理最正确的写法_____。

（6）实验内容第（10）步，给出你发现的程序中的所有错误_____，并给出你修改后的完整程序_____。

4.2.2 实验二　问题分解和多函数程序设计

1. 实验目的

（1）掌握合理分解问题的方法，并能将问题分解和多函数程序联系起来。
（2）理解函数在实现快速程序设计/开发方面的优点。
（3）理解函数在提高程序修改/维护效率方面的优点。

2. 实验内容

（1）求两个整数最小公倍数的方法有很多，其中有一种简单的方法：先求出两个整数 x 和 y 的最大公约数 g（两个整数的最大公约数可以用"辗转相除法"得到），然后用 x 和 y 的乘积除以 g，就得到 x 和 y 的最小公倍数。根据上述提示，可以设计求最小公倍数的程

序如下:

```
int lcm(…)              /*lcm()函数用于求两个整数的最小公倍数*/
{
    …                   /* 变量定义和初始化 */
    while(…)            /* 用辗转相除法求两个整数的最大公约数 */
    {
        …
    }
    …                   /* 计算最小公倍数 */
    …                   /* 返回最小公倍数 */
}
int main()
{
    printf(" 最小公倍数是 %d\n",lcm(15,24));
    return 0;
}
```

（2）启动 Code::Blocks，新建文件 syti4-2-1.c，输入上述代码，并对代码的省略处进行补充完善，使得程序能正常运行并得到正确结果。

（3）现在若想求两个整数的最大公约数，只需按照辗转相除法，在上述程序中添加以下函数即可：

```
int gcd(…)              /*gcd()函数用于求两个整数的最大公约数*/
{
    …
    while(…)            /* 用辗转相除法求两个整数的最大公约数 */
    {
        …
    }
    …                   /* 返回最大公约数 */
}
```

（4）不难看出，函数 lcm() 和 gcd() 中有重复的代码，思考如何进行合理的问题分解，写出结构合理、没有重复代码的程序。按照下面框架修改程序：

```
int gcd(…)              /*gcd()函数用于求两个整数的最大公约数*/
{
    …
}
int lcm(…)              /*lcm()函数用于求两个整数的最小公倍数*/
{
    ……
}
int main()
{
    printf(" 最大公约数是 %d\n",gcd(15,24));
    printf(" 最小公倍数是 %d\n",lcm(15,24));
    return 0;
}
```

（5）判断某整数是否为素数是一个经典问题，其基本思路是：对某整数 x，若 x 不能被 [2,x-1] 中的每个数 x 整除，则 x 是素数；否则就不是素数。因此一般可以写出如下判断素数的函数：

```
int prime(int x)    /*x 是素数，函数返回 1，否则返回 0*/
{
    …
    for(i=2; i<=x-1; i++)
        …
    …
}
```

（6）用数学方法可以证明，判断 x 是否为素数，只需要判断 x 不能被 $[2, \sqrt{x}]$（$\sqrt{x}$ 取整）中的每个数整除即可，即将上述 prime() 函数中的"for(i=2; i<=x-1; i++)"改为"for(i=2; i<=(int) sqrt(x); i++)"。这样就会大大减少循环次数，prime() 函数判断素数的速度也会大大加快。

（7）为了测试循环分别在 $[2, x-1]$ 和 $[2, \sqrt{x}]$ 情况下，程序的执行速度有何不同，可进行如下实验：统计 50 万以内有多少个素数。相应测试程序如下（syti4-2-2.c）：

```
#include <stdio.h>
#include <math.h>
#include <time.h>
int prime(int x)
{
    …
}
int main()
{
    …
    t1=time(NULL);      /*time() 函数返回程序运行到此处的时刻 */
    …                   /* 统计 50 万以内素数个数的代码 */
    t2=time(NULL);      /*time() 函数返回程序运行到此处的时刻 */
    …                   /* 输出统计 50 万以内素数个数所花费的 CPU 时间，即 t2-t1*/
    …                   /* 输出 50 万以内素数的个数 */
    return 0;
}
```

（8）完善上述程序，将 prime() 函数判断素数的测试范围分别指定为 $[2, x-1]$ 和 $[2, \sqrt{x}]$，并观察在这两种情况下，统计 50 万以内素数个数所花的时间分别是多少。

3. 实验结果记录与分析

（1）写出实验内容第（1）步中的 lcm() 函数。

（2）写出实验内容第（4）步中的完整程序，该程序的运行结果是_____，通过该实验你有什么认识或收获？

（3）写出实验内容第（7）步中的完整程序；50 万以内的素数有_____个，两种不同写法的 prime() 函数在统计 50 万以内素数个数上所花的时间分别是_____和_____；通过该实验你有什么收获？

4.2.3　实验三　函数调用 / 返回和 Code::Blocks 调试

1. 实验目的

（1）掌握 C 语言进行函数调用和返回的语法。

（2）了解栈帧的概念，理解程序在执行函数调用和返回时，栈帧的变化。
（3）理解函数调用时的参数传递机制。
（4）能灵活利用 Code::Blocks 的调试技术找出程序中的错误。

2. 实验内容

（1）启动 Code::Blocks，新建项目 syti43，把项目中的 main.c 重命名为 syti43-1.c，并输入以下程序，程序功能求指定范围 [a,b] 内的所有奇数的和。在代码第 14 行处按下【F5】键（或用鼠标单击相应行号）设置断点，断点为红色，如图 4-1 所示。

（2）在 Code::Blocks 界面上有一调试工具栏，各按钮功能如下，如图 4-2 所示。

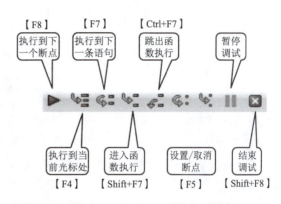

图4-1　程序源码和断点设置　　　　图4-2　Code::Blocks调试工具栏

（3）按下【F8】键（或单击调试工具栏的第 1 个按钮），程序执行到断点处并暂停，在代码的第 14 行会出现一个黄色的小三角，指向下次要执行的语句。同时在右侧会出现两个小窗口，用于说明程序当前的执行环境。每个函数在执行时，都会被自动分配一个工作环境（又称"栈帧"），在其中存放函数的形参和局部变量，如图 4-3 所示。在"Call stack"的"Function"列可看到，当前在 main() 函数内执行，上面的"Watches"窗口中显示的是 main() 函数的栈帧，在该窗口中分"Function arguments"（函数形参）和"Locals"（函数局部变量）显示栈帧中的数据。由于此处 main() 函数没有形参，所以 Function arguments 为空；Locals 中有一个 t，是因为 main() 中有一个局部变量 t，但其当前值 2，因为 t 没有赋初值，系统指定了一个随机值。

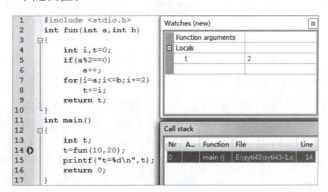

图4-3　"Watches"窗口显示main栈帧中的变量

（4）按下【Shift+F7】组合键（或单击调试工具栏的第 4 个按钮），程序进入到 fun() 函数内执行，并暂停在函数内的第 1 条语句处。在"Call stack"窗口的"Function"列可看到，当前有两个栈帧，最上层的是 fun() 函数，下层是 main() 函数。"Watches"窗口中显示的是当前 fun 栈帧的内容，显示其中有两个形参（a、b），两个局部变量（t、i）。这里要特别注意的是：函数 fun() 栈帧中 a、b 形参的值分别为 10、20，是由参数传递机制实现的。第 14 行代码中的"fun(10,20);"语句是函数调用，其功能是创建被调用函数 fun() 的栈帧，并将实参 10、20 的值传给栈帧中的形参 a、b，如图 4-4 所示。

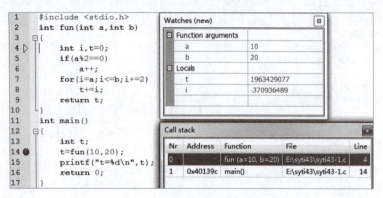

图4-4　"Watches"窗口显示fun栈帧中的变量

（5）将光标定位在代码的第 9 行，即"return t;"处，并按下【F4】键（或单击调试工具栏的第 2 个按钮），将程序运行并暂停到该处；当然，也可以多次按【F7】键，让程序逐步执行到第 9 行，并在"Watches"窗口中查看 fun 栈帧中的各个数据变化。可以看到，当执行到第 9 行时，显示 t 的值为 75，即 [10,20] 内所有奇数的和，该 t 值就是 fun() 函数的返回值，如图 4-5 所示。

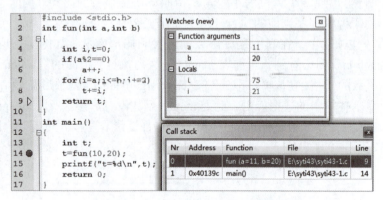

图4-5　观察fun栈帧中变量值的变化

（6）连续按若干次【F7】键（或连续单击调试工具栏的第 3 个按钮），执行"return t;"语句并将程序流程返回到 main() 主函数。可以看到在"Call Stack"窗口中只剩下了 main() 函数的栈帧，说明 fun() 函数在执行返回语句时，系统回收了分配给它的栈帧。此时"Watches"窗口中显示的 t 是 main() 函数栈帧中的变量，其值为 75，存放的是 fun() 函数的返回值，如图 4-6 所示。

第 4 章　函　　数 / 73

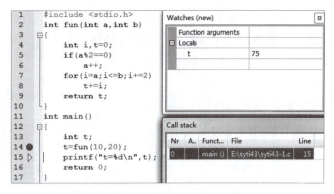

图4-6　观察fun()函数返回，其栈帧随之撤销

（7）再次连续按若干次【F7】键，直至 main() 函数也执行完毕返回，出现下述窗口状态。可以看到，"Call stack"中没有了 main 栈帧。但"Call stack"里面显示还有两个栈帧，这是有关系统函数调用创建的，此处不需考虑。到此种状态，说明用户程序已执行完毕，如图 4-7 所示。

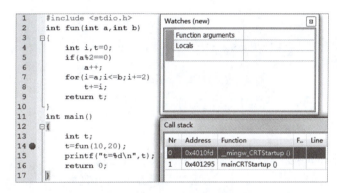

图4-7　观察main()函数返回，其栈帧也随之撤销

（8）切换到输出窗口，可以看到程序的运行结果，如图 4-8 所示。

图4-8　观察程序运行结果

（9）按下【Shift+F8】键（或单击调试工具栏的第 9 个按钮），结束调试功能。

3. 实验结果记录与分析

（1）main() 函数和 fun() 函数中都有一个名为 t 的变量，请解释它们有何不同。

（2）根据上述实验，请说明程序在执行函数调用语句时，该语句具体要做些什么？在执行返回语句时，该语句要做些什么？

（3）调试便于查看程序运行过程中，各种变量数据的实时变化情况，因此能容易发现程序中隐藏的错误。下面程序（syti4-3-2.c）查找所有的三位"水仙花数"，"水仙花数"的定义为：一个三位数等于其各位数字立方之和。例如 $153 = 1^3+5^3+3^3$，所以 153 是水仙花数。但运行该程序，却没有输出任何结果，请用调试功能查找出程序中的错误并改正，运行得到正确结果。

```c
#include <stdio.h>
#include <math.h>
int sxh(int n)      /*是水仙花数返回1，否则返回0*/
{
    int i,j,k;
    i=n/10;
    j=(n-10*i)/100;
    k=n-100*i-10*j;
    if(n==pow(i,3)+pow(j,3)+pow(k,3))   return 1;
    else  return 0;
}
int main()
{
    int n;
    for(n=100;n<1000;n++)
        if(sxh(n)) printf("%f\n",n);
    return 0;
}
```

4.2.4　实验四　递归函数和变量作用域

1. 实验目的

（1）掌握递归的问题分解方式和递归函数的设计方法。
（2）理解递归函数的执行特点，了解递归函数的执行效率。
（3）了解变量的作用域概念。

2. 实验内容

（1）递归方法是一种特殊的问题分解方式。一般的问题分解，分解出来的子问题都是不一样的问题；但递归分解出来的各子问题都是一样的。为了更好地理解递归思想，可将主教材【例 4.20】中的程序代码按调试的方式运行，通过一步步的可视化方式了解递归函数的执行特点，从而真正掌握递归函数的设计方法。启动 Code::Blocks，新建项目 syti44，把项目中的 main.c 重命名为 syti4-4-1.c，输入以下代码。

```c
#include <stdio.h>
long fac(int k)                         /*用递归方法求阶乘k!*/
{
    if (k==1)   return 1;               /*当求1!时，递归终止 */
    else   return k*fac(k-1);           /*若不是求1!，则继续转化为求阶乘(k-1)!*/
}
int main()
{
    printf("%d!=%d\n",4,fac(4));        /*调用递归函数fac()求4!*/
    return 0;
}
```

（2）设置好断点，采用上个实验中介绍的调试方法来运行程序。可以看到，在对 fac() 函数进行最后一次递归调用时，"Call stack"中有 5 个栈帧，上面 4 个栈帧是对同一个 fac() 函数进行 4 次嵌套调用时依次创建的。当前"Watches"中显示的是最后一次 fac() 函数调用的栈帧内容，只有一个形参 k，值为 1，达到了递归结束的条件。"Call stack"中的 5 个栈帧可以用鼠标任意单击切换，双击哪个栈帧，则"Watches"中就显示哪个栈帧的内容，如图 4-9 所示。

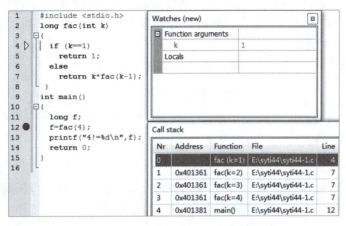

图 4-9　观察递归调用如何逐层创建栈帧

（3）不断按【F7】键，直到"Call Stack"中只出现 main 栈帧。此时说明 fac() 函数的递归调用已全部返回，每次递归创建的栈帧在返回时被一一撤销。可以看到在 main 栈帧中，f 的值是 24，即 4 的阶乘值，如图 4-10 所示。

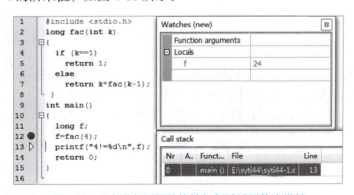

图 4-10　观察递归调用的栈帧如何随返回依次撤销

（4）继续按下【F7】键，执行完 printf 语句，切换到输出窗口可以看到输出结果，最后结束调试。

（5）从上述实验步骤可看出，递归能以非常简单的方式描述问题的解决方案，但其解决问题的效率取决于函数的递归调用次数。求阶乘的问题可以很容易地知道其递归调用的次数，因为 n 的阶乘需要递归调用 fac() 函数 n 次。但有的问题不好确定递归调用的次数，比如这个问题：Fibonacci 数列为 1，1，2，3，5，8，13，…，前两项为 1，从第 3 项开始，每项等于前 2 项之和。根据描述，可写出如下求斐波那契数列第 n 项的递归函数：

```
int fib(int n)
{
```

```
        if (n==1||n==2)    return 1;
        else   return fib(n-1)+fib(n-2);
}
```

（6）新建文件syti4-4-2.c，在其中输入上述函数，并编写相应的main()函数，多次运行程序，分别输出斐波那契数列的第30、40、50项。观察输出的结果有没有问题，若有问题则找出问题的原因，并对程序进行修改。

（7）程序修改后，重新完成第6步。可以看到求解的项数越大，执行时间越长。因为项数越大，fib()函数的递归调用次数就越多。现想查看求某一项的递归调用次数，可以定义一个变量count，初值从0开始，fib()函数每调用一次，就执行count++，这样递归结束，count中就是fib()函数总的调用次数。在fib()函数中加入如下语句：

```
… fib(…)
{
    int count=0;  /*count用于统计fib()函数的调用次数，初值从0开始*/
    count++;
    …
}
```

（8）按上述修改能否统计出fib的递归调用次数，如果不能，分析问题原因并继续修改程序。最终程序修改正确后，再次输出第30、40、50项的值，以及相应的fib()函数递归调用次数。

3. 实验结果记录与分析

（1）请叙述递归函数调用和普通的函数嵌套调用有何异同。

（2）实验内容第（2）步中，fac()函数4次调用的返回值从上到下依次是_____、_____、_____、_____。

（3）实验内容第（6）步输出的第30、40、50项的值分别是_____、_____、_____。其中的错误原因是_____。

（4）实验内容第（7）步给出的统计递归调用次数的错误原因是_____，正确的解决方案是_____。请给出正确统计fib()函数递归调用次数的代码。

（5）实验内容第（8）步，在程序完全修改正确后，斐波那契数列第30、40、50项的值分别是_____、_____、_____，对应的fib()函数递归调用次数分别是_____、_____、_____，计算第30、40、50项的时间分别是_____、_____、_____。从中能发现什么规律？

（6）用非递归的方式（即采用循环的递推方式）重新设计fib()函数，也分别输出斐波那契数列的第30、40、50项，并记录下各自的运行时间，与采用递归方式下的运行时间进行比较。根据以上实验结果，试对递归方法做一个全面的评价。

4.2.5　实验习题

1．"黑洞"是宇宙中一种神秘的天体，被它吸入的物质只能进不能出。数学中有一种数因其稀少也显得很神秘，而被称为"黑洞数"。黑洞数的定义是：整数各个位上的数字组成的最大数减去各位数字组成的最小数，其结果等于其自身。如495=954-459，则495是一个黑洞数。请编程找出指定整数范围内的所有黑洞数。比如在[1,1 000]内，黑洞数只有495；在[1,10 000]内，黑洞数有495、6 174；在[1,100万]内，黑洞数有495、6 174、

549 945、631 764；那 1 亿以内有多少个黑洞数呢？

提示： 为便于编程，可采用问题分解的方式。

（1）设计一个函数 black_hole_num(x)，该函数功能是判断 x 是否为黑洞数，若是则返回 1，否则返回 0。判断黑洞数关键是要先分解出 x 的各个位，然后将分解出的各个位降序排列得到最大数，升序排列得到最小数，最后将两者相减进行判断。

（2）设计一个函数 sort_des_asc(x,opt)，该函数为 black_hole_num() 函数提供服务。参数 opt 可为 1 或 0，为 1 函数返回 x 各位降序排列组成的最大数，为 0 返回 x 各位升序排列组成的最小数。由于整数 x 的位数不能确定，可定义一足够长的数组来存放 x 的各个位，然后对该数组进行升序或降序排列就能得到最小数或最大数。如果做此题时还没学数组，可限定 x 的最大位数，然后根据 x 的具体值分情况考虑。如：若 x 是 2 位数，则各位分解放入 2 个变量中；若是 3 位数，则各位分解放入 3 个变量中；……以此类推，之后再对各变量进行排序。

2. 任何大于 1 的正整数都能写出它的质因子（素数）乘积，如 60=2*2*3*5。请用递归的方式找出某正整数 x 的所有质因子乘积。

提示： 质因子 i 的查找从 2 开始。通过分析，从原问题分解出的递归子问题可描述为 foo(x,i)，该递归子问题的功能如下：

（1）如果 x 能被 i 整除，则 i 是一个质因子并输出，然后下一个质因子的查找交给 foo(x/i,i) 去解决。

（2）如果 x 不能被 i 整除，则下一个质因子的查找交给 foo(x,++i) 去解决。

（3）如果发现 x 等于 i，则 i 是最后一个质因子并输出，递归结束。

根据上述提示，写出相应的递归函数，以连乘的方式输出 x 的所有质因子。

4.3 教材习题解答

一、单项选择题

1. 下列函数头部定义语法正确的是（　　）。
   A. int foo(int x,y);
   B. void fun(x , y)
   C. float foo(int x,y);
   D. fun(int x,int y)

【分析】函数的形参若有多个，每个形参都要单独定义，并且每个形参都要给出类型说明，所以 A、B、C 都是错的。函数返回值类型说明可以省略，默认为 int，所以 D 是对的。

【答案】D

2. 下面关于参数的说法错误的是（　　）。
   A. 参数分为实参和形参
   B. 实参和形参都可以是常量、变量、表达式等形式
   C. 函数调用的一个重要步骤就是实现参数传递
   D. 地址传递方式的形参必须是指针类型的

【分析】实参可以是常量、变量、表达式等形式，但形参只能是变量。其他选项都是对的。

【答案】B

3. 下列说法正确的是（　　）。

   A．没有 return 语句的函数也可以有返回值

   B．没有 return 语句的函数是不能返回的

   C．函数中不能存在多条 return 语句

   D．函数若没有返回值，则函数的返回类型标识符可以省略。

【分析】没有 return 语句，函数也可返回，所以 B 是错的；函数中可以有多条 return 语句，执行到任何一个都可返回，所以 C 是错的；函数没有返回值，则返回类型要声明为 void，不声明则返回类型默认为 int，所以 D 是错的。若函数声明了返回值类型，但却没有 return 语句，则函数执行到最后会返回一个与声明的返回类型一致的随机数，所以 A 是对的。

【答案】A

4. 以下说法正确的是（　　）。

   A．全局变量能被程序中的任何函数访问

   B．局部变量都是动态的，函数返回时会全部自动撤销

   C．全局变量在程序的堆中分配存储空间

   D．自动变量的空间在栈中临时分配

【分析】全局变量不一定能被程序中的所有函数访问，如在某文件中定义的全局变量，如果没有用 extern 将该全局变量的作用域扩展到别的文件中，则其他文件中的函数不能访问该全局变量，所以 A 错误；局部变量可以是静态的，存放在程序的静态区中，函数执行完毕，静态局部变量仍然存在，所以 B 错误；全局变量在静态区中分配存储空间，所以 C 错误。

【答案】D

5. 关于 C 语言程序，以下说法错误的是（　　）。

   A．函数的定义不可以嵌套，但调用可以嵌套

   B．递归调用本质是一种特殊的嵌套调用

   C．相互调用的函数必须位于同一个源文件中

   D．递归函数在执行时，对自身的调用不能是无限次的。

【分析】C 语言函数的定义不可以嵌套，但函数的调用是可以嵌套的，并且递归调用就是一种特殊的嵌套调用。递归嵌套调用不能无限制地进行，因为这将导致问题无解，无限制次数的递归会耗尽系统内存空间（如果不控制的话）。C 程序可以由多个源文件构成，位于不同文件中的函数可以相互调用。

【答案】C

6. 对 C 语言程序，以下说法正确的是（　　）。

   A．用户自定义函数在调用前都必须先声明

   B．程序总是从 main() 函数开始执行的

   C．main() 函数是主函数，必须写在最前面

   D．对 C 语言标准库中的函数进行调用，无须进行声明

【分析】如果被调用者位于调用者之前，则不必声明，所以 A 错误；main() 函数可以位于程序的任何位置，所以 C 错误；对 C 语言标准函数的调用，为了保证调用的正确，也要先声明，所以 D 错误。C 语言规定，名为 main 的函数是程序第一个要执行的函数，并且程序中只能有一个名为 main 的函数。

【答案】B

7. 下列说法正确的是（　　）。

A. 局部变量可以与函数外的变量同名
B. 若局部变量与全局变量同名，则在局部变量范围内，局部变量不起作用
C. 局部变量在默认情况下是静态变量
D. 局部静态变量在范围外也能被直接访问

【分析】函数的局部变量可以与全局变量同名，在函数中执行时，同名的局部变量优先，所以 B 错误；函数的局部变量默认情况下是动态变量，所以 C 错误；静态局部变量也是局部变量，在定义它的函数外是不能被直接访问的，所以 D 错误。函数外定义的变量就是全局变量，局部变量与全局变量是可以同名的。

【答案】A

8. 以下会影响变量作用域的关键字是（　　）。

A. global　　　　　B. static　　　　　C. extern　　　　　D. auto

【分析】C 语言中没有 global 关键字；关键字 static 和 auto 是用来声明变量存储类型的，不是改变变量作用域的；extern 关键字用来扩展全局变量的作用域。

【答案】C

9. 以下程序的输出结果是（　　）。

```
#include <stdio.h>
int fun(int x,int y,int z)
{  z=x*y;  }
int main()
{    int z;
     fun(3,4,z);
     printf("%d\n",z);    }
```

A. 0　　　　　B. 7　　　　　C. 12　　　　　D. 不能确定

【分析】函数 fun() 声明了函数的返回值是 int 型，但 fun() 函数内没有 return 语句，则函数返回时只是返回一个随机整数。要注意的是，z 的值不是 fun() 函数的返回值。

【答案】D

10. 对以下定义的 sub() 函数，sub(5) 函数调用的返回值是（　　）。

```
int sub(int n)
{
    int a;
    if (n==1) return 1;
    a=n+sub(n-1);
    return (a);
}
```

A. 16　　　　　B. 15　　　　　C. 14　　　　　D. 13

【分析】此题关键是要理解函数 sub(int n) 的功能，它是一个递归函数，以递归的方式求 n+(n-1)+(n-2)+...+1 的和。下面是 sub() 函数的递归调用过程：

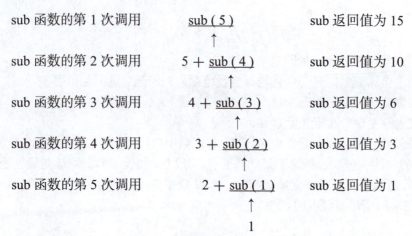

要注意的是：每次递归调用的局部变量 a，不是同一个变量，每次递归调用 sub() 函数时，都会临时创建一个 a 变量。当执行到 sub() 函数的第 5 次递归调用且该次调用还没返回时，程序中存在 5 个 a 变量，这 5 个变量位于 5 个不同的调用栈帧中。随着调用的逐层返回，根据每次递归调用的返回值来完成求和。从上图可以看到，当 sub() 函数的第 1 次调用返回时，问题求解结束，其返回值是 15。

【答案】B

二、程序分析题

1. 分析下列程序，并写出运行结果。

```
#include <stdio.h>
int x1=30, x2=40;
void sub(int x, int y)
{ x1=x; x=y; y=x1; }
int main()
{
    int x3=10, x4=20;
    sub(x3, x4);
    sub(x2, x1);
    printf("%d, %d, %d, %d\n", x3, x4, x1, x2);
    return 0;
}
```

【分析】此题主要考察读者对全局变量和参数值传递方式的理解。main() 函数中对 sub() 函数调用了两次，均是值传递方式。一定要记住值传递方式中，当实参将值传给形参后，实参和形参就毫不相干了。

第一次调用 sub() 函数，实参为 x3 (10) 和 x4 (20)，实参 x3 将值传给形参 x，实参 x4 将值传给形参 y，在函数执行完返回后，实参 x3、x4 没有改变，但由于 x1 是全局变量，在 sub() 函数中对其做了赋值，将 x1 的值由 30 变为 10。

第二次调用 sub() 函数，实参为 x2 (40) 和 x1 (10)，实参 x2 将值传给形参 x，实参 x1 将值传给形参 y，由于 x1 是全局变量，在 sub() 函数中对其做了赋值，所以 x1=40。可能读者要问：既然是值传递方式，那么实参 x2 和 x1 的值在函数执行前后应不变，但函数执行完后，x2 和 x1 的值均为 40。这并没有错，因为 x1 是全局变量，而函数 sub 中用形参 x 对其做了赋值（x1 = x）。

【答案】10, 20, 40, 40

2. 分析下列程序，并写出运行结果。

```c
#include <stdio.h>
int myfunction(unsigned number)
{
    int k=1;
    do
    {   k=number % 10;  number/=10;  } while(number);
    return k;
}
int main()
{
    int n=26;
    printf("myfunction result is:%d\n", myfunction(n));
    return 0;
}
```

【分析】myfunction() 函数中的循环是"直到型循环"，此程序主要考察读者对"直到型循环"的理解程度。函数中的循环过程如下所示：

	number	k
循环前	26	1
第一次循环	2	6
第二次循环	0	2

循环结束，返回 k 值。

【答案】myfunction result is : 2

3. 分析下列程序，并写出运行结果。

```c
#include <stdio.h>
void myfun()
{
    static int m=0;
    m+=2;
    printf("%d",m);
}
int main()
{
    int a;
    for(a=1; a<=4; a++) myfun();
    printf("\n");
    return 0;
}
```

【分析】此题主要考察读者对静态局部变量的理解，语句"static int m=0;"声明 m 为静态局部变量，同时 m 的值初始化为 0，这意味着在程序执行的最初状态 m 就为 0 了，以后在每次调用函数时，m 的值都不会重新初始化，而是以前一次的值作为基础，这一点就是与动态变量关键区别。

程序中，主函数对 myfun() 函数循环调用 4 次，函数体中有语句"m+=2;"，因此 m 的值在每次调用 myfun() 函数时，都会增加 2。因此，m 值的变化过程如下：

函数调用	第一次	第二次	第三次	第四次
m（初始为0）	2	4	6	8

【答案】2 4 6 8

4. 分析下列程序，并写出运行结果。

```c
#include <stdio.h>
int myfun2(int a, int b)
{
    int c;
    c=a*b%3;
    return c;
}
int myfun1(int a,int b)
{
    int c;
    a+=a; b+=b;
    c=myfun2(a, b);
    return c*c;
}
int main()
{
    int x=5, y=12;
    printf("The result is : %d\n", myfun1(x , y));
    return 0;
}
```

【分析】此题主要是考察读者对函数嵌套调用的理解，嵌套调用过程中要注意函数的返回顺序。程序中，main()函数调用 myfun1()，myfun1()调用 myfun2()。main()调用 myfun1()时，进行参数值传递，myfun1()中的形参 a = 5，b = 12，执行 a+=a; b+=b;语句后，a = 10，b = 24；然后 myfun1()调用 myfun2()，也进行参数值传递，因此 myfun2()中的形参 a = 10，b = 24，执行 c=a*b%3 语句，得 c = 0，将 0 作为 myfun2()的结果返回到 myfun1，myfun1()返回执行 c*c 得 0，以 0 值作为 myfun1()的结果返回到 main()，再执行 main()中的 printf("The result is : %d\n", myfun1(x , y)) 语句。

【答案】The result is : 0

5. 分析下列程序，并写出运行结果。

```c
#include <stdio.h>
void f(int *x, int *y)
{
    int t;
    t = *x;
    *x = *y;
    *y = t;
}
int main()
{
    int x, y;
    x=5 ; y=10 ;
    printf("x=%d, y=%d\n", x, y);
    f(&x , &y);
```

```
        printf("x=%d, y=%d\n", x , y);
        return 0;
    }
```

【分析】此题考察读者对参数地址传递方式的理解。根据函数 f(int *x, int *y) 的参数定义格式，可知该函数需要调用者传递实参的地址。因此，main() 中的调用语句 f(&x , &y) 将实参 x 和 y 的内存地址传给了 f() 函数的形参 x 和 y。要注意，虽然实参和形参同名，但实际上是完全不同的实体，前者是 main() 函数中的整型变量，后者是 f() 函数中的整型指针。语句体"t = *x; *x = *y; *y = t;"中的 *x、*y 实际是对 main() 函数中的 x、y 进行引用，所以该语句体实际上通过指针将 main() 函数中的 x、y 值进行了互换。由于 main() 函数中的两条输出语句分别在调用函数 f() 的前后执行，所以，输出结果是不一样的。

【答案】x=5，y=10
　　　　x=10，y=5

三、程序填空题

1. 以下程序的功能是求三个数的最小公倍数，补足所缺语句。

```
#include <stdio.h>
int fun(int x, int y, int z)
{
    if (x>y && x>z) return (x);
    else if (_____①_____) return (y);
         else return (z);
}
int main()
{
    int x1, x2, x3, i=1, j, x0;
    printf("input 3 integer : ");
    scanf("%d,%d,%d", &x1, &x2, &x3);
    x0 = fun(x1, x2, x3);
    while(1)
    {   j=x0*i;
        if (_____②_____) break;
        i=i+1;
    }
    printf("Result is %d\n", j);
    return 0;
}
```

【分析】程序求三个数的最小公倍数，此处的方法很简单：就是先求出三个数的最大数，因为最小公倍数一定是并且必须是它们最大数的倍数。所以，先求得三者中的最大数 x0，然后用循环测试的方法：将 x0 分别除以三个数，如果均能整除，则 x0 即为所需结果，否则，将 x0 不断翻倍，即乘以 2、乘以 3、……，直到得到一个能整除三个数的最小整数，即为所需最小公倍数。

fun() 函数求三个数中的最大数，所以第①空处应为 y>x && y>z；第②空处应为判断 j 是否能整除三个数，所以应为 j%x1==0 && j%x2==0 && j%x3==0。

【答案】① y>x && y>z　　② j%x1==0 && j%x2==0 && j%x3==0

2. 下面函数的功能是根据以下公式返回满足精度 ε 要求的 π 值。根据算法要求，补足所缺语句（代表乘法）。

π/2 = 1 + 1/3 + 1/3·2/5 + 1/3·2/5·3/7 + 1/3·2/5·3/7·4/9 + …

```
double fun(double e)
{
    double m=0.0 , t=1.0;
    int n;
    for(_____①_____; t>e; n++)
    { m+=t;   t = t * n / (2*n+1);   }
    return (2.0*_____②_____);
}
```

【分析】此题中用一函数来求 π 值，但要注意的是，函数中是用一个循环来求 π/2 的值，结果放在 m 中，循环本身并不复杂，关键要弄清如何控制精度。t 用来存放下一项的结果，直到小于或等于所需精度。第①空处肯定是对循环变量 n 进行初始化，所以 n = 1。由于退出循环后 m 中存放的是 π/2，但根据题意，函数要返回 π 的值，所以函数返回的值应是 2.0*m。

【答案】① n = 1   ② m

3. 以下程序的功能是计算 $s = \sum_{k=0}^{n} k!$，补足所缺语句。

```
#include <stdio.h>
long fun(int n)
{
    int i; long m;
    m = _____①_____;
    for (i=1; i<=n; i++) m = _____②_____;
    return m;
}
int main()
{
    long m;
    int k, n;
    scanf("%d" , &n);
    m = _____③_____;
    for (k=0; k<=n; k++)   m = m + _____④_____;
    printf("%ld \n", m);
    return 0;
}
```

【分析】程序求 0!+1!+2!+…+n! 的和。函数 fun() 用来求某数的阶乘，对于求阶乘的循环方法，读者应是很熟悉的。fun() 函数中的 m 应是存放某数阶乘的结果，所以第①空处应为 1，第②空处应为 m*i。主函数中的 m 用来存放各阶乘的和，所以 m 应从 0 开始进行累加，第③空处应为 0。for (k=0; k<=n; k++) m=m + ___④___ 语句应是不断循环调用 fun() 函数来求 k!（注意 k 值是在变化的），所以第④空为 fun(k)。

【答案】① 1   ② m*i   ③ 0   ④ fun(k)

4. 有以下程序段：

```
s=1.0;
```

```
for(k=1;k<=n;k++)    s=s+1.0/(k*(k+1));
printf("%f\n",s);
```

填空完成下述程序，使之与上述程序的功能完全相同。

```
s=0.0;
    ①    ;
k=0;
do
{    s=s+d;
     ②    ;
    d=1.0/(k*(k+1));
}while(    ③    );
printf("%f\n",s);
```

【分析】原程序实际是求 s=1+1/(1×2)+1/(2×3)+…+1/(n×(n+1))，需填空的程序中有语句"s=s+d;"，经分析，可知 d 必须初始化，所以第①空处为 d=1，第②空处应为变量 k 的递增语句，第③空处应为循环的条件。结合上述分析，答案如下。

【答案】① d=1   ② k++; 或 k=k+1;   ③ k<=n

5. 下面程序能够统计主函数调用 count() 函数的次数（用字符 '#' 作为结束输入的标志），补足所缺语句。

```
#include <stdio.h>
void count(char c);
int main()
{
    char ch;
    while (    ①    )
    {   scanf("%1s",&ch);
        count(    ②    );
        if (    ③    ) break;
    }
    return 0;
}
void count(char c)
{
    static int i=0;
    i++;
    if (    ④    )  printf("count = %d \n", i);
}
```

【分析】首先分析 count() 函数。该函数中有一静态变量 i，函数每调用一次，都会执行 i++，用于统计 count() 函数被调用的次数，这里要注意的是，函数中的语句 static int i=0 仅会对静态变量 i 初始化一次，以后再调用函数 count() 时，i 不会清 0，只会在前一次的基础上递增。根据题意，当输入的字符为 '#' 时，应输出调用的次数，所以，第④空处应为条件表达式 c=='#'。

再来看主函数，此处的循环应是用来循环接收字符，当输入的字符为 '#' 时结束循环。但仔细阅读程序，发现程序要用 break 语句强行跳出循环，第①空处只需象征性地给出一非零常数，代表真值即可，因此可用常数 1 取代。第②空处完成对函数 count() 的调用，按照题意，第②空处应为变量 ch，作为实参。第③空处应为条件表达式 ch=='#'，用于控制循环的结束，否则会出现死循环。

【答案】① 1 或任一非 0 的数　② ch　③ ch =='#'　④ c =='#'

四、编程题

1. 编写程序求 3 个数中的最大数，要求定义一个求任意三个数中最大数的函数来实现。

【分析】求 3 个数中的最大数的方法是：先求出 2 个数中的较大数，然后再用该数与最后一个数比较，这样就能得到 3 个数中的最大数，所以求出最大数需要比较 2 次。根据这个方法，可以设计一个函数，给它定义 3 个形参，分别代表 3 个数，函数体将根据这 3 个数进行最大数的判断，并返回最大数。

【答案】

```c
#include <stdio.h>
int findmax(int x, int y, int z)
{
    return (x>y) ? (x>z ? x : z) : (y>z ? y : z) ;
}
int main()
{
    int i , j , k ;
    printf("Please input three integer: ");
    scanf("%d,%d,%d" , &i, &j, &k);
    printf("The max integer is %d\n" , findmax(i, j, k));
    return 0;
}
```

2. 任意输入两个整数 m、n，求组合数 C_m^n。要求采用问题分解的方式，程序中要包含一个求组合数的函数和一个求阶乘的函数。

【分析】组合数可以看成一个独立的问题，因此可以定义一个求组合数的函数 int cmn(int m,int n)。由于 $C_m^n = \dfrac{m!}{n! \times (m-n)}$，可以看出组合数依赖于阶乘，因此可以从求组合数问题中分离出求阶乘的子问题 float fac(int x)。则具体程序如下。

【答案】

```c
#include <stdio.h>
float fac(int x)
{
    float i,f=1;
    for (i=2;i<=x;i++) f=f*i;
    return f;
}
int cmn(int m,int n)
{
    return fac(m)/(fac(n)*fac(m-n));
}
int main()
{
    int m , n;
    int t;
    printf("m=");
```

```
        scanf("%d",&m);
        printf("n=");
        scanf("%d",&n);
        t=cmn(m,n);                /* 调用函数 cmn() 求组合数 */
        printf("C(%d,%d)=%d\n",m,n,t);
        return 0;
    }
```

3. 任意输入某日期（年/月/日），计算是该年的第几天。对问题进行合理分解，程序中要求有判断闰年的函数、判断输入的日期有效性的函数以及计算天数的函数。

【分析】从原问题可分解出以下三个函数。

（1）int valid(int y,int m,int d)：该函数用于判断给定的日期（y 是年，m 是月，d 是日）是否合法，返回 1 表示日期合法，返回 0 表示不合法；

（2）int leap(int y)：该函数判断给定的年份是否为闰年，返回 1 表示是闰年，返回 0 表示是平年；

（3）int calc(int y,int m,int d)：该函数返回给定的日期在当年的天数。

要注意上述三个函数之间的关系。例如，只有先调用 valid() 函数且该函数返回值是 1（说明日期合法）的前提下才能调用 calc() 函数完成天数的计算。valid() 和 calc() 这两个函数在执行期间，都要调用 leap() 函数为各自服务。具体程序如下。

【答案】
```
#include <stdio.h>
int leap(int y)
{
    if((y%4==0&&y%100!=0)||(y%400==0))
        return 1;
    else
        return 0;
}
int valid(int y,int m,int d)
{
    int flag=0;    /* 假设日期非法 */
    if(y>0)
        if(m>=1&&m<=12)
            if(m==1||m==3||m==5||m==7||m==8||m==10||m==12)
            {
                if(d>=1&&d<=31)flag=1;
            }
            else
            {
                if(m==4||m==6||m==9||m==11)
                {
                    if(d>=1&&d<=30)flag=1;
                }
                else
                {
                    if(leap(y))
                    {
                        if(d>=1&&d<=29) flag=1;
```

```
                    }
                    else
                    {
                        if(d>=1&&d<=28) flag=1;
                    }
                }
            }
        return flag;
}
int calc(int y,int m,int d)
{
    int i,sum=0;
    for(i=1;i<=m-1;i++)
    {
        if(i==1||i==3||i==5||i==7||i==8||i==10||i==12)
            sum=sum+31;
        else
            if(i==4||i==6||i==9||i==11)
                sum=sum+30;
            else    /* 若是 2 月 */
                if(leap(y))
                    sum=sum+29;
                else
                    sum=sum+28;
    }
    sum=sum+d;
    return sum;
}
int main()
{
    int y,m,d;
    printf("请输入年，月，日:");
    scanf("%d,%d,%d",&y,&m,&d);
    if(valid(y,m,d))
        printf("%d年%d月%d日是%d年的第%d天\n",y,m,d,y,calc(y,m,d));
    else
        printf("日期非法!\n");
    return 0;
}
```

程序多次运行结果如下：

请输入年，月，日:2022,3,1↙
2022年3月1日是2022年的第60天

请输入年，月，日:2020,3,1↙
2020年3月1日是2020年的第61天

请输入年，月，日:2021,2,29↙
日期非法！

4. 辗转相除法是求两个整数最大公约数的有效方法，请将其用递归的方式实现。

【分析】辗转相除法主要过程为：

设两数为 m，n。

（1）如果 m 除以 n 的余数为 0，则算法结束，n 就是两数的最大公约数，否则转到（2）执行。

（2）m 除以 n 得余数 t，令 m = n，n = t。

（3）转到（1）继续执行。

从算法可看出，其符合递归的两个基本条件：m 除以 n 的余数为 0 时，是递归的结束条件；否则，两数的最大公约数可转化为求 n 和 m%n 的最大公约数，这是一个递归关系。因此该问题的递归解法程序如下。

【答案】

```
#include <stdio.h>
int gcd(int m,int n)
{
    if (m%n==0)
        return n;
    else
        return gcd(n,m%n);
}
int main()
{
    int a,b;
    printf("Input two integer:");
    scanf("%d,%d",&a, &b);
    printf("gcd(%d,%d) = %d \n",a,b,gcd(a,b));
    return 0;
}
```

5. Fibonacci 数列的生成方法为：$F_1=1$，$F_2=1$，...，$F_n=F_{n-1}+F_{n-2}$（$n \geqslant 3$），即从第 3 个数开始，每个数等于前 2 个数之和。用递归的方法求 Fibonacci 数列的第 n 项 F_n。

【分析】F_1、F_2 初始已知，由 F_1+F_2 可算出 F_3，由 F_2+F_3 可算出 F_4，……，直到算出第 F_n 项，这种方法是迭代的方法。此外本题还可以用递归的方法来解。若采用递归，则首先要看是否符合递归的条件。因为有 $F_n=F_{n-1}+F_{n-2}$，而 $F_{n-1}=F_{n-2}+F_{n-3}$，$F_{n-2}=F_{n-3}+F_{n-4}$，…的规律存在（当然这是在 $n \geqslant 3$ 的情况下才有的），且当 $n=1$ 或 2 时，$F_1=F_2=1$，存在递归的结束条件，所以此题也可用递归方法求解。使用递归方法的程序实现如下：

【答案】

```
#include <stdio.h>
long fib(int n)
{
    if (n==1||n==2) return 1;           /*若n等于1或2，则递归结束并开始返回*/
    return fib(n-1)+ fib(n-2);          /*否则，进入下一次递归调用*/
}
int main()
{
    int n;
    printf("Enter the item n : ");
    scanf("%d", &n);
    printf("The F%d is %ld.\n" , n , fib(n));
    return 0;
```

}

6. 定义一个带参数的宏，使两个参数的值互换，并写出程序，输入两个数作为使用宏时的实参。输出已交换后的两个值。

【分析】要互换两变量的值，只需引入一中间变量，如 t，用下述语句即可完成：t = x; x = y; y = t。但此处要用宏来实现，因此宏可定义为 swap(x,y,t) t = x; x = y; y = t，宏的三个参数含义为：x，y 替换要交换的两个实参变量，t 替换用于交换的中间变量。

【答案】

```
#include <stdio.h>
#define SWAP(x,y,t)  t = x; x = y; y = t
int main()
{
    int m , n , p;
    printf("\nPlease input two number : ");
    scanf("%d,%d",&m, &n);
    SWAP(m , n , p);
    printf("The result is %d,%d\n",m, n);
    return 0;
}
```

7. 定义一个宏，用来判断任一给定的年份是否为闰年。规定宏的定义格式如下：

```
#define  LEAP_YEAR(y)  _____
```

【分析】若 y 为某年份，判断 y 是否为闰年的表达式为 (y%4==0 && y%100!=0) || (y%400==0)，若该表达式的结果为 1，则 y 为闰年；表达式的结果为 0，则 y 不是闰年。因此，可用一个宏表示为：

```
#define  LEAP_YEAR(y)   (y%4==0 && y%100!=0) || (y%400==0) 。
```

【答案】

```
#include <stdio.h>
#define  LEAP_YEAR(y)   (y%4==0 && y%100!=0) || (y%400==0)
int main()
{
    int year;
    scanf("%d",&year);
    if (LEAP_YEAR(year)) printf("%d is leap year.\n",year);
    else printf("%d is not leap year.\n",year);
    return 0;
}
```

4.4　典型例题选讲

一、填空题选讲

1. 以下函数的功能是计算 $s = 1 + \dfrac{1}{2!} + \dfrac{1}{3!} + \cdots + \dfrac{1}{n!}$，请填空完成所需功能。

```
double fun(int n)
{
```

```
    double s = 0.0, fac = 1.0;  int i;
    for (i=1; i<=n; i++)
    {   fac = fac * _____;
        s = s + fac;
    }
    return s;
}
```

【分析】填空处不能填 i，因为每一项不是计算阶乘，而是计算阶乘的倒数，所以空处应填 1.0/i。注意不能是 1/i，因为倒数是实数。

【答案】1.0/i

2. 下面的函数是求如下的公式：

$$s = \sum_{k=1}^{n} k! + \sum_{k=1}^{n} \frac{1}{k^2}$$

请填空完成所需功能。

```
float fun(int n)
{
    int i;
    double s1 = ___①___, s2 = ___②___, s3 = ___③___, s = 0;
    for(i = 1; i <= n ;i ++ )
    {   s3 = s3 * i;
        s1 =___④___;
    }
    for(i = 1;i <= n;i ++) s2 = s2 +___⑤___;
    ___⑥___;
    return s;
}
```

【分析】由题意可知，第一个循环是求阶乘的累加和，第二个循环求平方的倒数和。再进一步分析，可得知 s1 用于存储阶乘的累加和，s2 用于存储平方的倒数和，s3 用于求 i!，s 用于存储 s1+s2。所以，各空答案如下所示。

【答案】① 0　　　　　② 0　　　　　　　③ 1
④ s1 + s3　　　⑤ 1.0/(i*i)　　　　⑥ s = s1 + s2

3. 以下函数的功能是求 M 以内最大的 10 个素数之和，并作为函数值返回。例如，若 M 为 100，则函数的值为 732。请填空完成所需功能。

```
int fun(int M)
{
    int sum = 0,n = 0,j ,yes;
    while((M >= 2) && ( n < 10))
    {   yes = 1;
        for(j = 2;j <= M/2;j ++)
            if (M % j == 0)
            {   yes = 0;
                _____①_____ ;
            }
        if(yes)
        {   sum += M;
```

```
                ____②____ ;
        }
            ____③____ ;
    }
    return sum;
}
```

【分析】要找出 M 以内的最大 10 个素数，可从 M 开始，在由大到小递减的过程当中，依次判断当前的数是否为素数，若是，则统计素数的个数在 n 中。程序中，while 循环用于控制选择 10 个最大素数过程的中止条件，所以第③空处应是"M--"，使得 M 依次递减。内嵌的 for 循环用于判断当前的数是否为素数，yes 变量作为判断的标志。若是素数则累加素数的和，并统计素数的个数。

【答案】① break　　②n++ 或 n = n + 1　　③M-- 或 M = M – 1

4. 下面函数 fun(int grade[], int n, int over[]) 的功能是：计算 grade 中 n 个人的平均成绩 aver（n 为数组长度），将大于 aver 的成绩放在 over 中，并返回大于 aver 成绩的人数。请填空完成所需功能。

```
int fun(int grade[], int n, int over[])
{
    int i, j = 0;
    float aver, s = 0.0;
    for(i = 0;i < n;i ++)   s = s + grade[i];
        ____①____ ;
    for(i = 0;i < n;i ++)
        if (grade[i] > aver)   ____②____ = grade[i];
    return j;
}
```

【分析】函数中的第一个循环用于计算 n 个人的总成绩，并置于变量 s 中。第①空处应是计算平均成绩的语句。根据分析，j 变量应是统计大于平均值的人数。但如何做到用一条语句完成既将大于平均值的成绩依次放入数组 over 中，又将大于平均值的人数统计在 j 中呢？这可在第②空处用 over[j ++] 来实现。

【答案】① aver = s/n　　　　　② over[j ++]

5. 下面函数 fun() 的功能是将给定的整数 n 转换成字符串后显示出来。例如，若输入的数为 -38，则输出应为"-38"。填空以完成所需功能。

```
void fun(int n)
{
    int i;
    if (n < 0)
    {
        putchar('-');
        n = -n;
    }
    if (( i = n/10) != 0)   ____①____ ;
    putchar(n%10 + ____②____ );
}
```

【分析】此题使用递归的方式来实现。例如，对于数 5867，要输出"5867"，应先输出"586"；要输出"586"，应先输出"58"；要输出"58"，应先输出"5"。由于 5/10 == 0，结束递归,输出字符 '5',然后逐级返回,依次输出 '5'、'8'、'6'、'7'。由于 putchar() 函数所需的参数可为输出字符的 ASCII 码,例如要输出字符 '5',可用语句 putchar(5 + '0') 实现。所以,两空处的答案如下所示。

【答案】① fun(i)　　　② '0' 或 48(48 为字符 '0' 的 ASCII 码值)

二、单项选择题选讲

1. 以下函数定义形式正确的是_____

A. ```
double myfun(int x,int y)
{
    z = x+y ;
    return z ;
}
```

B. ```
myfun(int x,y)
{
    int   z ;
    return z ;
}
```

C. ```
myfun(x, y)
{
    int x,y ;
    double z;
    z = x+y;
    return z ;
}
```

D. ```
double myfun(x, y)
{
    double z;
    z = x+y;
    return z ;
}
```

【分析】A 中没有定义变量 z。B 中形参定义不对,只定义了形参 x 的类型,没有定义形参 y 的类型。C 中形参为 x、y,但函数中又定义了 x 和 y 两个局部变量,出现重复定义错误。D 是正确的,因为如果没有定义形参 x、y 的类型,则编译器默认均是整型。

【答案】D

2. 在 C 程序中,下面描述正确的是_____

A. 函数的定义可以嵌套,但函数的调用不可以嵌套

B. 函数的定义不可以嵌套,但函数的调用可以嵌套

C. 函数的定义和函数调用都可以嵌套

D. 函数的定义和调用都不可以嵌套

【分析】标准 C 规定,函数的定义不允许嵌套。但函数执行时,根据需要可以嵌套调用,即一个函数在没有执行完之前去调用执行另外一个函数。函数的嵌套调用是 C 程序一个重要的特色。

【答案】B

3. 下列关于参数的说法正确的是_____。

A. 实参和与其对应的形参各占用独立的存储单元

B. 实参和与其对应的形参共占用一个存储单元

C. 形参是虚拟的,不占用存储单元

D. 只有当实参和与其对应的形参同名时才共占用存储单元

【分析】形参也是属于函数的局部变量,在执行时,也要为它分配相应的存储单元,形参与实参在存储空间上是各自独立的,不是共享空间的。形参的作用用来接收实参的值(值

4. 如果在一个函数的复合语句中定义了一个变量，则该变量_____。
   A. 只在该复合语句中有效
   B. 在该函数中任何位置都有效
   C. 定义错误，因为不能在其中定义变量
   D. 在本程序的源文件范围内均有效

【分析】复合语句就是定义在函数体内的分程序，在分程序中定义的变量，其作用域仅局限在该分程序中。其存储空间也是动态分配的，当刚进入分程序时，分配其中定义变量的存储空间，当分程序要执行完时，动态释放所占据的空间。当然，分程序中也可定义静态局部变量。

【答案】A

5. 在C语言中，_____存储类型的变量，只在使用时才分配空间。
   A. static 和 auto   B. register 和 extern
   C. register 和 static   D. auto 和 register

【分析】static 类型的变量，在使用之前就已存在了。auto 类型的变量是在使用时才分配的。extern 只是用于对全局变量作用域的扩充，没有分配存储空间的功能。register 类型的变量也是在使用时才分配空间的，但为其分配的空间不在内存，而在寄存器中；auto 类型变量分配的空间在内存中。

【答案】D

6. 以下程序段的执行结果为_____。

```
#define PLUS(A , B) A + B
int main()
{
    int a=2,b=1,c=4,sum;
    sum=PLUS(a++,b++)/c;
    printf("Sum=%d\n",sum);
}
```

   A. Sum=1   B. Sum=0   C. Sum=2   D. Sum=4

【分析】表达式"PLUS(a++,b++)/c"宏替换展开后，得到"a++ + b++ / c"，则该表达式的计算过程是先求"a+b/c"，然后再使a、b各加1。计算表达式"a+b/c"先求 b/c，即 1/4，由于两者都是整数，所以 b/c 的结果为 0，则"a+b/c"为 2。所以 sum 被赋以 2。

【答案】C

三、改错题选讲

注意：在程序中位于注释"/**********found**********/"下面的语句中寻找错误；更正错误时，不要增行或删行，也不得更改程序的结构。

1. 以下程序的功能是：求 1 到 5 的阶乘值。
   运行结果为：1!=1 2!=2 3!=6 4!=24 5!=120

```
#include <stdio.h>
int fac(int n)
{
```

```
        /**********found**********/
        int f;
        for(;n>=1;n--)
            f=f*n;
        return(f);
    }
    int main()
    {
        int i;
        for(i=1;i<=5;i++)   printf("%d!=%d ",i,fac(i));
        return 0;
    }
```

【分析】主函数 main() 循环调用 fac() 函数 5 次，每次求出某个 i 的阶乘。fac() 函数的形参 n 用于接收主函数的实参 i。函数用 n*(n-1)*(n-2)*…*1 的方法来求 n!，用变量 f 保存阶乘的结果。程序中没有对 f 的值进行初始化，导致 f 的初值不确定，从而使得结果不确定。此处应将 f 的值初始化为 1。

【答案】

错误：int f;

正确：int f = 1;

2. 以下程序中，fun() 函数的功能是：把数组中所有的元素都向前移动一个位置，最前一个元素移到最后面（假设数组长度为 10，整数类型）。

```
#include <stdio.h>
void fun(int b[] ,int n)
{
    int x,i;
    /**********found**********/
    x = b[1];
    for(i = 0;i < n-1;i++)
        /**********found**********/
        b[i+1] = b[i];
    b[n-1] = x;
}
int main()
{
    int a[10] , i;
    for(i = 0;i < 10;i ++)   scanf("%d", &a[i]);
    for(i = 0;i < 10;i++)   printf("%d", a[i]);
    fun(a,10);
    for(i = 0;i < 10;i++)   printf("%d", a[i]);
    return 0;
}
```

【分析】程序所采用的方法是：先将数组的第一个元素，也就是 b[0] 放入 x 中，然后再用循环的方法，依次将后面的元素往前移动一位，最后将 x 中的元素放入数组末尾。

【答案】

错误 1：x = b[1];

正确 1：x = b[0];

错误 2：b[i+1] = b[i];
正确 2：b[i] = b[i+1];

3. 下面程序中函数 fun() 的功能是：用迭代法求 a 的平方根。已知求 a 的平方根的迭代公式为：x1 = (x0 + a / x0) / 2 。迭代初值为 x0 = a / 2。当前后两次求出的 x 的差的绝对值小于 0.00001 时迭代结束。

```c
#include <stdio.h>
#include <conio.h>
float fun(float a)
{
    float x0 , x1;
    x0 = a/2;
    x1 = (x0 + a/x0)/2;
    /**********found**********/
    while(fabs(x0-x1) <= 1e-5)
    {   x0 = x1;
        x1 = (x0 + a/x0)/2;
    }
    return x1;
}
int main()
{
    float a, s;
    printf("\n please input one number : ");
    scanf("%f", &a);
    s = fun(a);
    printf("the result is : %f\n", s);
    return 0;
}
```

【分析】fun() 函数的执行流程为：将 x0 初始化为 a/2，先求出第一次迭代的值，然后循环将判断前一次迭代的值与本次迭代的值的差的绝对值是否小于 0.00001，若不小于，则进行下一次迭代，直到两者的差的绝对值小于 0.00001，循环结束，返回 x1 的值。

【答案】

错误：while(fabs(x0-x1) <= 1e-5)

正确：while(fabs(x0-x1) >= 1e-5)

4. 以下程序中 fun() 函数的功能是根据以下公式计算 s。

$$s = \sum_{k=1}^{20} k + \sum_{k=1}^{10} \frac{1}{k}$$

```c
#include <stdio.h>
float fun(int n1,int n2)
{
    int i;
    double s1 = 0 , s2 = 0 , s = 0;
    for(i = 1;i <= n1;i ++) s1 = s1 + i;
    /**********found**********/
    for(i = 1;i <= n2;i ++)
        s2 = s2 + 1/i;
```

```
        s = s1 + s2;
        return s;
}
int main()
{
    int n1 = 20,n2 = 10;
    float sum = 0;
    sum = fun(n1,n2);
    printf("sum = %f\n", sum);
    return 0;
}
```

【分析】fun() 函数用两个循环分别求两个级数的和。found 后的错误在于混淆了整数除法和浮点数除法。由于 1/i 的被除数和除数均为整型，其结果也为整型，而不是浮点型。

【答案】

错误：s2 = s2 + 1/i

正确：s2 = s2 + 1.0/i

5. 下面程序中 fun() 函数的功能是：判断整数 x 能否同时被 3 和 5 整除，若能则打印"Y"，否则打印"N"。

```
#include <stdio.h>
/**********found**********/
void fun(int x)
{
    int flag;
    if(x%3==0 && x%5==0)   flag = 1;
    else flag = -1;
    return flag;
}
int main()
{
    int m;
    printf("\n Please input a number : ");
    scanf("%d", &m);
    if(fun(m)==1)   printf("Y");
    else printf("N");
    return 0;
}
```

【分析】由程序可知，函数 fun() 是有返回值的，由于 flag 是整型，所以函数 fun() 的返回类型应为 int 型，错误在于 fun() 函数定义成 void 型。

【答案】

错误：void fun(int x)

正确：int fun(int x)

第 5 章　数组类型与指针类型

5.1　本章要点

1. **数组类型的基本概念**

   数组是同类型的一批有序数据，用不同下标编号表示不同位置上的数据。

   数组变量是可以存放数组的连续的内存空间，通过同一名字不同的下标编号可以访问该空间中的任一单元。

   二维数组是矩阵形式的数据，通过行列下标编号表示不同位置上的数据。第一维下标表示行，第二维下标表示列，在内存中按行下标大小逐行存放。二维数组变量是可以存放二维数组的内存空间。

2. **定义数组类型和数组变量**

   定义的数组变量必须使用常数表示数组的大小，如 int a[3];。

   单独定义数组类型必须使用 typedef 命令，typedef 会将数组变量的定义方式记录为新的类型名。该命令适合基本数据类型和构造类型的命名。

3. **函数的数组参数**

   数组参数是地址传递方式，无论定义形参时是否定义了数组大小，数组形参只接收数组的开始地址。数组大小需要另外定义一个整型参数来提供。

   二维数组形参也是地址传递方式，只接收数组的开始地址，定义形参时必须提供第二维列大小，而第一维行大小可以为空。

4. **访问数组元素**

   数据变量的下标运算可以访问下标所指定的数组元素，如 a[2]=10;，下标可以是整型表达式。数组的下标固定从 0 开始，下标的下界为数组元素个数 −1，否则会越界。

5. **字符串，字符串常量**

   字符串是一串任意长度的字符，最后再加上一结束标志字符 '\0'。

   字符串常量是 C 语言表示字符串的方式，必须以一对双引号界定。

6. **存储字符串**

   字符数组变量可以用来存放字符串，一般在字符数组变量初始化时存放。

   字符指针变量不会存放字符串，只能指向字符串常量或变量的首字符。

   字符串操作可以自编函数实现，也可以使用 C 语言的 string.h 标准库函数完成。

7. **输入输出字符串**

   库函数 scanf() 和 printf() 是最常见的输入 / 输出字符串的函数。

另有一些库函数也可以完成字符串的输入/输出，如 gets() 和 puts()，gets() 可以输入一行包含空格字符的字符串。

8. 指针类型的基本概念

指针是内存单元的地址，根据地址所标内存单元的类型可以有不同类型的指针，如整型指针、实型指针等，void * 是通用指针类型，NULL 是 void * 类型的空指针，是符号常量。

指针变量是存放地址的变量，根据所存放的内存单元的地址类型可以定义不同类型的指针变量，除非使用强制类型转换，指针变量一般只能存放相同类型的指针。指针变量无初值时为随机的地址，不能间接访问随机地址对应的内存单元。

二维数组名是第 1 行一维数组元素的地址，二维数组的每一行可以看成是 1 个一维数组元素，二维数组名可以间接访问第 1 行的一维数组元素。

二级指针是指针变量的地址，可以定义二级指针变量保存该地址。

函数指针是用函数名表示，是函数代码的开始地址，通过该地址可以调用函数，可以定义函数指针变量保存该地址。

9. 定义指针变量

定义的变量名前加上 *，可以定义指针变量，如 int *x;。

指针变量通过赋值操作得到内存单元的地址，称为指向该内存单元，如 int y,*x; x=&y; 中，指针变量 x 指向变量 y。

10. 指针的间接访问运算

指针变量名前加上 *，可以间接访问指针变量所指向的内存单元，如 int y,*x=&y; *x=3; 可以使 x 所指向的变量 y 赋值为 3。也可以使用 [] 下标运算间接访问指针变量所指向的内存单元，如上例中，x[0]=3; 同样可以使 x 所指向的变量 y 赋值为 3。

11. 数组常量的指针运算

数组名是指针常量，可以使用指针运算，如间接访问运算 *，加减整数 n 运算等。

12. 指针变量的下标运算

指针变量指向一批元素的数组内存时，可以使用下标运算 [] 访问数组中的不同元素，与间接访问运算 * 的作用是一样的。

13. 动态内存

动态内存是一块特殊的内存区域，称为"堆"，内存的分配与回收只在程序运行期间进行，由用户根据需要调用 malloc.h 标准库中的函数来管理。动态内存中定义的变量称为动态变量。

14. 动态内存的分配与使用

堆中的内存分配需要 C 语言的 malloc.h 库的函数 malloc()、calloc()、realloc() 来完成，函数会返回分配的内存单元的地址，地址为 void* 通用指针类型，可以直接赋值给各种类型的指针变量，例如，int *p=malloc(sizeof(int));，通过指针变量 p 可以间接访问所指向的动态变量。

15. 动态内存的回收

堆的内存回收需要 C 语言的 malloc.h 库的函数 free() 来完成，其参数为指向动态变量的指针。

5.2 实验指导

5.2.1 实验一 一维数组元素的移动

1. 实验目的

（1）以书中例题为示例，理解一维数组元素移动位置的含义。
（2）理解插入、删除数组元素的方法。
（3）学会一维数组倒序的过程。
（4）学会一维数组循环移位的过程。

2. 实验内容

（1）启动 Code::Blocks，新建文件 syti5-1-1.c。将教材上的【例 5.4】的代码删除部分注释后如下输入：

```c
/*syti5-1-1.c,删除插入数组元素 */
#include <stdio.h>
int main()
{
    int x[10]={2,1,3,4,5}, n=5, i, j, d;
    d=x[1];     // 第 6~8 行，删除第 2 元素
    for(i=2;i<=n-1;i++)   x[i-1]=x[i];
    n--;
    for(i=n-1;i>=0;i--)   x[i+1]=x[i];    // 第 9~11 行，插入到第 1 元素前
    x[0]=d;
    n++;
    for(i=0;i<n;i++)   printf("%3d",x[i]);
    return 0;
}
```

（2）使用快捷键【F9】编译并运行程序，查看编译结果，如果编译不成功则要查找并修改错误。运行成功后，程序完成数组元素的位置移动，运行结果是：

　　1　2　3　4　5

（3）修改代码：将第 5 个元素删除后，插入到第 1 个元素之前。如上面程序中第 6 行的 d=x[1] 改为 d=x[4]，第 7 行的 i=2 改为 i=5。使用快捷键【F9】编译并运行程序，程序完成第 5 元素的循环右移，运行结果是：

　　5　2　1　3　4

（4）完成教材上【例 5.11】的循环右移 3 次的工作只需要重复第 6～11 行的程序段 3 次。请自行修改程序完成这项工作，记录程序运行的结果，并选择 "File" → "Save file as" 将修改后的程序另存为 syti5-1-2.c。

（5）使用组合键【Ctrl+W】关闭 syti5-1-2.c 的代码窗格，使用组合键【Ctrl+O（字母 O）】打开程序文件，在 "Open file" 对话框找到 syti5-1-1.c 程序文件并打开。

（6）修改代码：删除第 7,8,9,11 行，然后在第 7 行前插入 x[4]=x[0];，修改后程序代码

如下：

```
/*syti5-1-2.c, 删除插入数组元素 */
#include <stdio.h>
int main()
{   int x[10]={2,1,3,4,5}, n=5, i, j, d;
    d=x[4];      // 第6~8行，交换第1元素与第5元素
    x[4]=x[0];
    x[0]=d;
    for(i=0;i<n;i++)  printf("%3d",x[i]);
    return 0;
}
```

使用快捷键【F9】运行程序，程序使第1个元素与第5个元素相互交换了位置，运行结果是：

```
  5  1  3  4  2
```

（7）修改代码完成数组的倒序：添加循环 i=0..n/2-1，重复运行第6～8行的程序段，每次交换 x[i] 与 x[n-1-i] 元素，修改后的程序代码片段如下：

```
for(i=0;i<n/2;i++)
{   d=x[i];        // 原程序的第6~8行
    x[i]=x[n-1-i];
    x[n-1-i]=d;
}
```

运行结果是：

```
  5  4  3  1  2
```

程序完成了教材上【例5.5】的倒序编程。

（8）修改代码完成10个元素的倒序。在程序第4行的数组变量 x 的初值表的原有初值后面添加5个新的初值：6,7,8,9,10，请继续修改程序完成这10个元素的倒序，并记录程序运行的结果，保存修改后的程序文件 syti5-1-1.c。

3. 实验结果记录与分析

（1）在实验的第（4）步中，程序的运行结果是：_____。说明【例5.4】的插入删除操作是实现教材上【例5.11】的循环右移位的基础。请思考，继续修改该程序为循环左移 m 位，m 的值通过键盘输入，该如何完成？如果做到了，请将修改后的程序另存为 syti5-1-3.c 的文件。

（2）在实验的第（8）步中，程序的运行结果是：_____。说明教材上【例5.4】的移动元素操作是教材上【例5.5】元素倒序操作的基础。

5.2.2 实验二 一维数组的排序与可重用设计

1. 实验目的

（1）以书中例题为示例，理解一维数组的三种排序方法。
（2）学会以项目方式的可重用方法的实验过程。
（3）学会基于已排序数组实现二分快速查找的实验过程。

2. 实验内容

（1）启动 Code::Blocks，选择"File"→"New"→"Project"建立一个项目，在对话框中选择"Console application"并单击"Go"按钮，再单击"Next"按钮，在对话框中选择"C"并单击"Next"按钮，随后对话框中输入项目名称 syti5-2-1，其他文本框为自动输入，如图 5-1 所示，单击"Next"按钮，再单击"Finish"按钮完成项目创建，项目文件 syti5-2-1.cbp 会存放在新建的与项目同名的文件夹中。

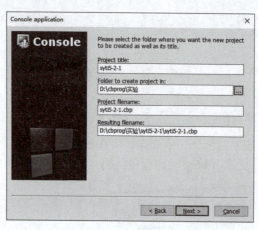

图5-1　建立syti5-2-1项目的对话框

（2）单击 CB 窗口左侧"Manager"窗格"Projects"选项卡的"Sources"项旁的"+"号，可以看到 main.c 程序文件，双击打开 main.c 代码窗格，将教材上【例 5.6】的 main.c 的代码删除注释后输入如下代码：

```c
/*syti5-2-1.c, 项目的文件3: main.c 文件，包含不可重用的其他程序部分 */
#include <stdio.h>
#include "arraylib.h"
int main()
{   int s1[10], s2[5], n=5;   //6行，定义数组s1
    randinput(s1,n);
    printf("随机产生的数组：\n");
    output(s1,n);
    printf("键盘输入 %d 个数 :\n",n);
    kbdinput(s2,n);
    printf("判断两个数组是否相同 :\n");   //9~13行，判断s1、s2相等
    if(isequal(s1,s2,n))  printf(" 相等 \n");
    else printf(" 不相等 ");
    return 0;
}
```

如果此时使用快捷键【F9】编译并运行，下方的编译信息窗格中会显示缺少文件的严重错误(fatal error)。

（3）使用组合键【Ctrl+Shift+N】新建文件，在"Add file to project"对话框中选择"是"按钮，在"Save file"对话框中输入第 2 个程序文件名 arraylib.c，单击"保存"按钮后再单击"OK"按钮，将教材上【例 5.6】的 arraylib.c 的代码删除注释部分后输入如下代码：

```c
/*syti5-2-1.c, 项目的文件1:  arraylib.c库文件，包含可重用的程序部分 */
```

```c
#include <stdio.h>
#include <stdlib.h>
#include <time.h>
void kbdinput(int a[],int n)
{   int i;
    for(i=0;i<n;i++)   scanf("%d",&a[i]);
}
void randinput(int a[],int n)
{   int i;
    srand(time(0));
    for(i=0;i<n;i++)   a[i]=rand()%100;
}
void output(int a[],int n)
{   int i;
    for(i=0;i<n;i++)   printf("%d ",a[i]);
    printf("\n");
}
int isequal(int a[],int b[],int n)
{   int i;
    for(i=0;i<n;i++)
      if(a[i]!=b[i])   return 0;
    return 1;
}
```

如果使用快捷键【F9】编译并运行，仍会因为缺少文件 arraylib.h 而报错。

（4）与第（3）步过程一样，创建 arraylib.h 头文件并将教材上【例5.6】的 arraylib.h 的代码删除注释部分后输入如下代码：

```c
/*syti5-2-1.c,项目的文件2: arraylib.h 头文件,包含可重用的程序部分的函数声明*/
void kbdinput(int a[],int n);
void randinput(int a[],int n);
void output(int a[],int n);
int isequal(int a[],int b[],int n);
```

使用快捷键【F9】编译并运行，如果没有编译错误，运行结果如下（5个随机数每次运行都会不同，所以键盘输入的数要自行调整）：

随机产生的数组：

29 37 97 81 9

键盘输入5个数：

29 37 97 81 9↙

判断两个数组是否相同：

相等

（5）修改代码完成数组的选择法升序排序。切换到"main.c"选项卡，删除第 9～13 行代码，在第 9 行前插入 5 行新代码如下：

```c
for(i=0;i<n-1;i++)
    for(j=i+1;j<n;j++)    // 第 10～12 行,选择最小数到 s1[i] 中
        if(s1[j]<s1[i])
        {  temp=s1[i]; s1[i]=s1[j]; s1[j]=temp;  }
```

```
output(s1,n);
```

使用快捷键【F9】编译并运行,会发现有多行错误,选择编译信息窗格中的第 1 个错误,错误信息提示:error: 'i' undeclared (first use in this function),即第 8 行代码中的变量 i 没有定义。

(6)修改 main.c 的第 5 行,添加变量 temp,i,j 的定义,删除数组 s2 的定义,修改后代码如下:

```
int s1[10], n=5, temp, i, j;
```

使用快捷键【F9】编译并运行,若有错误则按提示改正。运行成功,程序会显示升序排序后的 5 个随机数,运行结果如下:

```
随机产生的数组:
60 88 97 30 7
7 30 60 88 97
```

(7)修改代码完成冒泡法(交换法)升序排序。修改第 10 ~ 12 行代码中的下标,可以完成下标 0..n-1-i 范围内数组 s1 的一趟冒泡排序,修改后的代码如下:

```
for(j=0;j<n-1-i;j++)
    if(s1[j+1]<s1[j])
    { temp=s1[j]; s1[j]=s1[j+1]; s1[j+1]=temp; }
```

使用快捷键【F9】编译并运行,并记录程序的运行结果。

(8)修改代码完成插入法升序排序。删除第 10 ~ 12 行的代码,在第 10 行前插入 6 行新代码如下:

```
{   // 第 10~15 行 改为插入法排序
    temp=s1[i+1];
    for(j=i;j>=0;j--)
        if(temp<s1[j])   s1[j+1]=s1[j];
    s1[j+1]=temp;
}
```

设计思路是:将 s1[0]..s1[i] 的元素看成是有序序列,i 从 0 到 n–2,反复将 s1[i+1] 元素插入到有序序列 s1[0]..s1[i] 中并保持序列有序。运行后发现排序后数个不是从小到大,请根据思路检查上面新插入的 6 行代码,修改后完成插入法升序排序,记录程序错误的原因以及修改的方法。

(9)修改代码完成数据 x 的二分查找。在 s1 数组已经排序的基础上,在 output(s1,n); 代码行之后,插入二分查找代码(算法请参考教材上图 5-3 的二分查找流程图),代码如下:

```
scanf("%d",&x);
left=0;
right=n-1;
while(left<=right)
{
    middle=(left+right)/2;
    if(x==s1[middle]) { printf("s1[%d] 上出现 %d",middle,x); break; }
    else if(x<s1[middle]) right=middle-1;
    else left=middle+1;
}
```

请在第 5 行补充相应的变量定义,使程序可正常运行。输入 1 个数组中存在的数到 x 中,记录程序运行的结果。

3. 实验结果记录与分析

（1）在实验的第（7）步中，程序的运行结果的第 2、3 行是：_____，_____。说明教材上【例 5.9】的选择法和交换法排序有相似之处，均通过交换两个逆序的数组元素完成排序。

（2）在实验的第（8）步中，程序结果不正确的原因及修改的方法是：_____。

（3）在实验第（9）步中，程序运行结果的第 3 行是：_____。这时输入的数是_____，输入后，程序运行结果的第 5 行是：_____。尝试将程序中的排序代码段删除（从第 9 行，到 output(s1,n); 行），发现二分查找的结果不正确，说明二分查找法必须建立在数组有序的基础之上。

5.2.3　实验三　字符串的基本操作

1. 实验目的

（1）以书中例题为示例，理解字符串的输入、输出的方法。
（2）学会字符串的求串长、拼接、倒序、转换大小写字母等基本操作的编程。
（3）学会字符串标准函数库的使用方法。

2. 实验内容

（1）启动 Code::Blocks，新建文件 syti5-3-1.c。
（2）将教材上【例 5.14】的代码删除注释部分后输入如下代码：

```
/*syti5-3-1.c, getchar 函数输入串 */
#include <stdio.h>
int main()
{
    char ch,str[20];
    int i;
    i=0;   // 第 7~10 行，输入 1 行字符串到 str 中，不含回车
    while((ch=getchar())!='\n')
        str[i++]=ch;
    str[i]='\0';
    printf(" 输入串长为 %d 的字符串：\n%s\n",i,str);
    return 0;
}
```

第 7～10 行的代码可以输入含空格的字符串到 str 字符数组中，敲回车时结束输入。输入一行带空格的字符串 gets() 函数可以做到，但 scanf() 函数不行。使用快捷键【F9】编译并运行，如果编译成功，在程序的运行窗口中输入 Learn 及 3 个空格，程序显示的结果是串长为 8 的 Learn 及 3 个空格的字符串。

（3）修改代码完成带回车、空格的字符串的输入。首先，将第 7～10 行的输入串的代码段移动到第 3 行 main() 函数之前，单独编写成函数 getstr()，修改后的 getstr() 函数如下：

```
void getstr(char str[])    // 第 3~11 行，插入 getstr() 函数
{
    char ch;
    int i;
```

```
        i=0;
        while((ch=getchar())!=26&&ch!=-1)/*第8行，26和-1代表Ctrl+Z键或F6键
            str[i++]=ch;
        str[i]='\0';
}
```

其中第 8 行输入串的结束条件，改为按组合键【Ctrl+Z】或快捷键【F6】再按回车键才能结束。组合键【Ctrl+Z】或快捷键【F6】在输入时会呈现两种值，单独一行输入【Ctrl+Z】并按回车键时会得到值 –1，在其他文字中插入【Ctrl+Z】会得到值 26。修改后，getstr() 函数就可以输入包含空格、回车、制表符等空白字符的字符串。

在主程序的第 16 行 printf() 之前调用 getstr() 函数输入 str 串，在第 17 行添加求 str 串长的程序代码，插入的代码如下：

```
getstr(str);
for(i=0;str[i]!='\0';i++);
```

使用快捷键【F9】编译并运行程序，在运行窗口输入 Learn 及三个空格，再按组合键【Ctrl+Z】和回车键，运行结果如下：

```
Learn   ^Z↙
输入串长为 8 的字符串：
Learn
```

请注意查看串长是否为 8。如果没有按组合键【Ctrl+Z】，只按了回车键，则回车符会作为输入串的一部分到 str 串中，输入不会结束。

（4）修改代码完成两个串的拼接操作。先将第 14 行 str 数组的大小改为 80，再添加 1 个新的 80 个元素的字符数组 str1，在第 15 行添加 1 个 int 型的变量 j 的定义。在第 18 行前插入代码如下：

```
getstr(str1);     // 第 18~20 行，输入 str1 串，添加到 str 串之后
for(j=0;str1[j]!='\0';j++)  str[i+j]=str1[j];
str[i+j]='\0';    // 第 20 行，i+j 是串结束标志位置
```

将第 21 行 printf() 函数中的 str 串长由 i 改为 i+j。使用快捷键【F9】编译并运行程序，输入两行字符串给 str 和 str1 变量，显示 str 中的两个串的拼接结果，运行结果如下：

```
Learn   ^Z↙
Language^Z↙
输入串长为 16 的字符串：
Learn   Language
```

（5）修改代码：将第 18 行的 getstr(str1); 移动到第 17 行之前，将第 19～20 行的串拼接代码段移动到第 12 行 main() 函数之前，单独编写为拼接函数 concat()，再在原第 17 行的 getstr(str1); 之后，插入一行代码如下：concat(str,str1);，以调用函数 concat() 完成 str 串和 str1 串的拼接，将 printf() 函数行的串长改为 i，最终得到与第（4）步运行结果相同的程序。main() 函数修改后如下：

```
int main()
{
    char ch,str[80],str1[80];
    int i,j;
    getstr(str);    //main() 函数的第 5~7 行，完成 str 串和 str1 串的拼接
```

```
        getstr(str1);
        concat(str,str1);
        for(i=0;str[i]!='\0';i++);
            printf("输入串长为%d的字符串: \n%s\n",i,str);
        return 0;
}
```

请根据上述要求，完成这些修改，并记录编写的函数concat()。

（6）修改上面的main()函数，使用函数concat()和getstr()，完成一个拼字程序的设计。将main()函数的第3行str字符数组的初值设置为""空串，将main()的第5～7行修改如下：

```
concat(str,"Learn    ");   //main的第5~8行，三串拼接
getstr(str1);
concat(str,str1);
concat(str,"Language");
```

再将main()函数的第10行printf()函数修改如下：

```
printf("串长为%d的字符串: \n%s\n",i,str);
```

使用快捷键【F9】编译并运行程序，输入str1的8行的拼字串如下：

```
↙
 ****↙
*     *↙
*↙
*↙
*     *↙
 ****↙
^Z↙
```

得到的运行效果如图5-2所示。注意：上面输入str1串时，第2行和第7行的4个星号后面均带有1个空格，第3行和第6行的两个星号之间有4个空格，检查拼接后的串长是否为49。

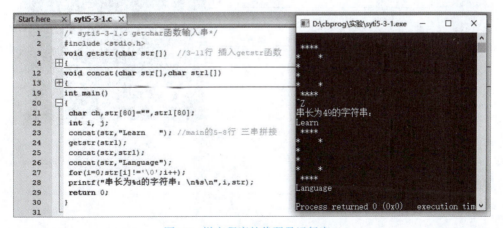

图5-2 拼字程序的代码及运行窗口

（7）修改代码，添加串的改变字母大小写和倒序功能。在main()函数之前添加教材上【例5.15】的change()函数和【例5.17】的reverse()函数代码，函数代码如下：

```
void change(char s[])
```

```
    {   int i;
        for(i=0;s[i]!='\0';i++)
        {   if(s[i]>='A' && s[i]<='Z') s[i]=s[i]+32;
            else if(s[i]>='a' && s[i]<='z') s[i]=s[i]-32;
        }
    }
    void reverse(char s[])
    {   int i,n;
        char t;
        for(n=0; s[n]!='\0'; n++);
        for(i=0; i<n/2; i++)
        {   t=s[i]; s[i]=s[n-1-i]; s[n-1-i]=t;   }
    }
```

在 main() 函数的第 9 行前插入调用这两个函数处理 str 串的代码：change(str); reverse(str);，使用快捷键【F9】编译并运行程序，与第（6）步一样输入 8 行拼字的串给变量 str1，记录程序运行的结果。

（8）修改代码，使用字符串标准函数库 string.h 中的函数，来计算串长和统计 "****" 子串在 str 中出现的次数。在第 3 行前插入 #include <string.h> 宏命令，在 main() 函数的第 3 行添加字符指针变量 q，将 main() 函数的第 10 行修改为：i=strlen(str);，在 main() 函数的第 12 行 return 0; 前插入代码如下：

```
for(i=j=0;q=strstr(str+i,"****");i=q-str+4) j++;
printf("出现的次数：%d",j);
```

使用库中的 strstr() 函数统计 "****" 出现的次数，如图 5-3 所示。

图5-3 统计子串的出现次数

3. 实验结果记录与分析

（1）根据实验的第（5）步的要求，编写的 concat() 函数代码是：_____。字符串操作使用函数来设计可以简化主程序，方便重用。

（2）在实验的第（7）步中，程序的运行结果的第 10～17 行是：_____。字符串的基本操作编成函数后，可以大大简化字符串的使用，非常方便。

（3）实验的第（8）步，图 5-3 的第 49 行（即 main 函数的第 12 行）代码中，for 循环结束的条件是字符指针变量 q 为：_____。i=q-str+4 中的 4 的含义是：_____。统计的次数存放的变量是：_____。

5.3　教材习题解答

一、单项选择题

1. 以下不能正确定义一维数组 a 的选项是（　　）。
   A．int a[5]={0,1,2,3,4,5};　　　　　B．int a[5];
   C．int a[5]={'A','B','C'};　　　　　D．int a[]={0,1,2,3,4,5};
   【分析】A 选项中初值个数有 6 个，超过了数组大小 5，不能正确定义。
   【答案】A

2. 以下不能正确定义一维数组 a 的选项是（　　）。
   A．int n=3, a[n];　　　　　　　　　B．int i=2, a[]={i,i*i,i*i*i};
   C．#define n 3　　　　　　　　　　D．int a[]={2, 2*2, 2*2*2};
   　　int a[n];
   【分析】A 选项中 n 是变量，不能作为数组变量 a 的大小值，不能正确定义。
   【答案】A

3. 下面对 int a[5]={1}; 数组 a 的访问正确的是（　　）。
   A．scanf("%d",a);　　　　　　　　　B．scanf("%d",a+5);
   C．scanf("%d",&a);　　　　　　　　D．scanf("%d",a[0]);
   【分析】B 选项中 a+5 是 a[5] 元素的地址，而数组变量 a 的最后元素是 a[4]，不能正确访问。C 选项中 &a 是一维数组变量的指针，而不是整型变量的地址，不能正确访问。D 选项中 a[0] 是整型变量，而 scanf 需要整型变量的地址，不能正确访问。
   【答案】A

4. 下面对 int a[]={1,2,3,4,5}, n; 数组 a 的元素个数计算正确的是（　　）。
   A．sizeof(a)　　　　　　　　　　　B．sizeof(a)/sizeof(int)
   C．n　　　　　　　　　　　　　　　D．sizeof(int)
   【分析】sizeof(a) 只能计算字节数而不是元素个数，A 不正确。n 是没有初值的整型变量，与 a 的元素个数无关，C 不正确。sizeof(int) 是 int 型数据的字节数，与变量 a 无关，D 不正确。
   【答案】B

5. 下面的函数声明不正确的是（　　）。
   A．void fun(int a[5],int n);　　　　　B．void fun(int a[], int n);
   C．void fun(int n, int a[5]);　　　　　D．void fun(int a[]={1,2,3,4},int n);
   【分析】D 选项中函数形参不能提供初值，只能通过实参提供值，声明不正确。
   【答案】D

6. 下面的可以获得 [0，100] 的随机数的是（　　）。

A. srand(time(0))　　　　　　　　B. rand()%100
C. rand()%101　　　　　　　　　D. rand(0,100)

【分析】A 选项中 srand(time(0)) 只能产生随机序列不能从序列取数，不正确。B 选项中 rand()%100 获得的随机数是 0～99 之间，不能正确获取。D 选项中 rand 函数是无参的，调用格式不正确。

【答案】C

7. 以下能正确定义一维数组类型 Int10 的是（　　）。

A. typedef int[10] Int10;　　　　　B. typedef Int10[10];
C. typedef int Int10[10];　　　　　D. typedef Int10[10]={0};

【分析】定义 10 个 int 型元素的数组变量的定义方式的前面加上 typedef 命令可以定义数组类型，A、B、D 都不满足这一点，定义错误。

【答案】C

8. 下列程序的输出结果是（　　）。

```
int a[5]={1,2,3,4,5}, i;
for(i=1;i<3;i++)   printf("%d",a[i]);
```

A. 12　　　　　B. 23　　　　　C. 123　　　　　D. 234

【分析】下标变量 i 的循环取值是 1..2，作为下标访问的数组变量 a 的元素是第 2 个和第 3 个，所以显示结果是 23。

【答案】B

9. 下列程序的输出结果是（　　）。

```
int a[]={1,2};
printf("%d",a[a[0]]);
printf("%d",a[a[0]-1]-1);
```

A. 12　　　　　B. 21　　　　　C. 10　　　　　D. 20

【分析】a[0] 的值是 1，a[a[0]] 的值等于 a[1] 的值也就是 2。a[0]-1 的值是 0，a[a[0]-1] 的值等于 a[0] 的值也就是 1，a[a[0]-1]-1 的值是 0。所以，显示的结果是 20。

【答案】D

10. 下列程序的输出结果是（　　）。

```
int a[]={1,2,3};
a[0]=a[0]-a[2]; a[2]=a[0]+a[2]; a[0]=a[2]-a[0];
for(i=1;i<=3;i++)   printf("%d",a[i-1]);
```

A. 123　　　　　B. 012　　　　　C. 321　　　　　D. 210

【分析】a[0]-a[2] 的值是 -2，a[0] 被赋值为 -2。a[0]+a[2] 的值是 1，a[2] 被赋值为 1。a[2]-a[0] 的值是 3，a[0] 被赋值为 3。所以，循环显示 3 个数组元素的结果是 321，即 a[0] 与 a[2] 相互交换了数据。可以发现：使用这三个赋值式，任何 2 个整型变量无需临时变量，可以相互交换数据。

【答案】C

11. 以下能正确定义字符串变量的选项是（　　）。

A. char a[]={0,1,2,3,4,5};　　　　B. char a[]={'0','1','2','3','4','5'};
C. char a[]={"012345"};　　　　　D. char a[5]="01234";

【分析】A 选项中字符串变量 a 的初值必须是字符而这里是整数，不能定义。B 选项中字符串变量 a 的初值最后没有结束标志 '\0'，错误定义。D 选项中字符串变量 a 的大小不够 6 个字节，无法存放 5 个字符的串，错误定义。

【答案】C

12. 已知 char a[20];，能对变量 a 输入一行含空格的字符串的是（　　）。
    A．scanf("%s",a);　　　　　　　　B．gets(a);
    C．scanf("%s",&a);　　　　　　　D．a="abcdefg";

【分析】A、C 选项中 scanf() 函数无法输入含空格的串，D 选项中字符串不能使用赋值运算（=），所以使用 gets() 函数是正确的。

【答案】B

13. 设有如下定义：char a[20]="abc 123";，下面不能显示的变量 a 中字符串的是（　　）。
    A．printf("%s",a);　　　　　　　B．puts(a);
    C．int i; for(i=0;a[i];i++) putchar(a[i]);　　D．putchar(a);

【分析】A、B、C 选项中 printf() 函数、puts() 函数、带循环的 putchar() 函数都能显示字符串常量、变量的值，D 选项中单个 putchar() 函数只能显示 1 个字符，不能显示串。

【答案】D

14. 若有 char a[20]="abc123";，下面显示的是字符串串长的是（　　）。
    A．printf("%d",sizeof(a));　　　　B．printf("%d",7);
    C．int i; for(i=0;a[i];i++); printf("%d",i);　　D．printf("%d",sizeof(a)-1);

【分析】A 选项中 sizeof(a) 是字符数组 a 的字节大小 20，不是串长 6，不能显示串长。B 选项中字符数组 a 中的字符串的串长是 6 不是 7，不能显示串长。D 选项中 sizeof(a)-1 是字符数组 a 的字节大小 -1=19，不是串长 6，不能显示串长。

【答案】C

15. 设有定义：char * a[2]={"Abcd","ABCD"};，strcmp(a[0],a[1]) 的结果是（　　）。
    A．0　　　　　　B．-1　　　　　　C．1　　　　　　D．32

【分析】指针数组 a 的两个元素变量 a[0]、a[1] 分别保存了 "Abcd" 和 "ABCD" 的串首地址，使用 strcmp 函数可以比较这两个串的大小，串 "Abcd" 大于串 "ABCD"，所以，比较的结果是 1。

【答案】C

16. 设有如下程序：int a[10]={0}; scanf("%s",a);，输入 AB 后 a[0] 的值是（　　）。
    A．66*16+65 的结果　　　　　　　B．'A'
    C．'B'　　　　　　　　　　　　　　D．66*256+65 的结果

【分析】数组变量 a 是 int 型数组变量而不是字符数组变量，scanf() 函数在输入 %s 格式的字符串时是按字节逐个输入并存放的，int 型数组元素 a[0] 有 4 个字节，输入的字符 'A'、'B' 存放在 a[0] 的前两个字节中，而且存放的是 'A'、'B' 字符的 ASCII 码 65、66。前面的字节是 int 型数据的低 8 位，后面的字节是 int 型数据的高 8 位，所以 a[0] 中存放的值是 66*2^8+65 的结果，也就是 66*256+65 的结果，16961。

【答案】D

17. 下面定义错误的是（　　）。
    A．int a[2][3]={0};　　　　　　　B．int a[][3]={0};

C．int a[2][3]={1,2,3,4,5,6};　　　　　　D．int a[][]={{1,2,3},{4,5,6}};

【分析】D 选项中二维数组变量 a 的定义可以不写行大小，但不能两个下标大小都不写，所以是错误的定义。

【答案】D

18．设有如下定义：int a[][3]={0,1,2,3,4,5};，存放整数 3 的数组元素是（　　）。
A．a[0][2]　　　　B．a[0][3]　　　　C．a[1][0]　　　　D．a[1][1]

【分析】二维数组变量 a 采用行优先存储方式，0 行下标的三个元素存放初值 0、1、2，1 行下标的三个元素存放初值 3、4、5，所以，存放整数 3 的数组元素是 a[1][0]。

【答案】C

19．下面定义的二维数组类型 Int2_3 正确的是（　　）。
A．typedef Int2_3[2][3];　　　　　　　　B．typedef int[2][3] Int2_3;
C．typedef int Int2_3[2][3];　　　　　　D．typedef int Int2_3[][3]={{1,2,3}{4,5,6}};

【分析】在定义 2 行 3 列的 int 型二维数组变量的前面加上 typedef 可以定义二维数组类型 Int2_3，定义类型时不能提供初值，所以 A、B、D 都不能满足这个要求。

【答案】C

20．下面的二维数组为参数的函数声明正确的是（　　）。
A．void fun(int a[m][n]);　　　　　　　B．void fun(int a[][],int m, int n);
C．void fun(int a[m, n]);　　　　　　　D．void fun(int a[0][4], int m,int n);

【分析】A 选项中二维数组类型的形参 a 的行列大小不能是变量 m、n，不正确。B 选项中二维数组类型的形参 a 的行列大小没有写列大小，不正确。C 选项中二维数组类型的形参 a 的行列大小的写法错误。

【答案】D

21．定义如下变量和数组：int i; int x[3][3]={1,2,3,4,5,6,7,8,9}; 则语句 for(i=0;i<3;i++) printf("%d ",x[2-i][i]); 的输出结果是（　　）。
A．3 5 7　　　　B．4 3 2　　　　C．7 5 3　　　　D．3 2 1

【分析】二维数组变量 x 是 3 行 3 列的数组，第 1 行的初值是 1、2、3，第 2 行的初值是 4、5、6，第 3 行的初值是 7、8、9。循环变量 i 取值为 0、1、2 时，访问的数组元素是 a[2][0]、a[1][1]、a[0][2]，它们的值是 7、5、3，所以选 C。

【答案】C

22．下面不能正确定义指针变量 p 的是（　　）。
A．int *q=NULL, *p=q;　　　　　　　　B．int i, *p;
C．int *q=0, *p=Null;　　　　　　　　D．int i, *p=&i;

【分析】C 选项中的 NULL 是通用型指针常量，但 Null 不是，所以不正确。

【答案】C

23．设有如下定义：int i=2,*p=&i;，下面不能将 i 的值改变为 3 的是（　　）。
A．i++;　　　　B．*p+=1;　　　　C．*p++;　　　　D．(*p)++;

【分析】间接访问运算 * 和自增运算 ++ 都是优先级为 2 的运算，按结合律是从右向左顺序执行，*p++ 会先执行 p++ 再对运算结果执行 * 运算。所以，p++ 是对指针变量 p 自增 1，不是对间接访问的变量 i 自增 1，i 的值不会变为 3。

【答案】C

24. 设有定义：int x[20][30];，下面不能表示数组元素 x[9][0] 的地址的是（　　）。
    A．x[9]　　　　　　B．*x+9*30　　　　C．&x[9][0]　　　　D．x+9

【分析】D 选项中 x+9 是一维数组元素 x[9] 的地址，而 x[9] 才是 x[9][0] 的地址，不正确。B 选项是正确的。*x 是一维数组元素 x[0]，是 x[0][0] 的地址。二维数组采用行优先存储，x[0]+30 是 x[1][0] 的地址，依此类推，x[0]+9*30 是 x[9][0] 的地址。

【答案】D

25. 设有如下定义：int i=2,*p=&i,*q=p;，下面不能将 i 的值改变为 3 的是（　　）。
    A．++*p;　　　　　B．++*q;　　　　　C．++*&i;　　　　　D．++&*i;

【分析】D 选项中变量 i 是 int 型变量，不能使用 * 运算，所以用法错误。A 选项中指针变量 p 指向 i，*p 可以得到变量 i，++*p 就是 ++i，可以改变 i 值为 3。B 选项中指针变量 q 赋值为 p，即指向变量 i，++*q 就是 ++i，可以改变 i 值为 3。C 选项中 *&i 是先取得变量 i 的地址，再使用该地址去得到变量 i，*&i 的结果就是 i，++*&i 就是 ++i，可以改变 i 值为 3。

【答案】D

26. 设有如下定义：int i=2,a[10],p=a;，a 中第 4 个元素的地址为（　　）。
    A．p+i*2　　　　　B．p+(i-1)*2　　　　C．p+(i-1)　　　　D．p+i+1

【分析】A 选项中 i*2 的结果是 4，p+i*2 是 a[4] 的地址，即 a 中第 5 个元素的地址，不是。B 选项中 (i-1)*2 的结果是 2，p+(i-1)*2 是 a[2] 的地址，即 a 中第 3 个元素的地址，不是。C 选项中 (i-1) 的结果是 1，p+(i-1) 是 a[1] 的地址，即 a 中第 2 个元素的地址，不是。

【答案】D

27. 设有如下定义：int a[10],*p =a+1;，不能对数组元素正确引用的是（　　）。
    A．*&p[8]　　　　　B．p[9]　　　　　C．*(p-a+p)　　　　D．*p

【分析】B 选项中 p 保存了 a[1] 的地址，p[9] 访问的变量是 a[10]，即 a 中第 11 个元素，而数组 a 只有 10 个元素，属于越界错误，不能正确引用数组 a 的元素。C 选项中 p-a 是指针相减运算，结果是下标之差 1，p-a+p 也就是 1+p，即 a[2] 的地址，*(p-a+p) 是访问数组元素 a[2]，能正确引用数组元素。

【答案】B

28. 设有如下定义：int a[3]={1,4,7},*p=&a[2];，*p 的值是（　　）。
    A．3　　　　　　　B．1　　　　　　　C．4　　　　　　　D．7

【分析】指针变量 p 指向了 a[2]，*p 就是数组元素 a[2]，a[2] 的值是 7。

【答案】D

29. 执行下列程序后，其结果为（　　）。

```
int a[]={2,4,6,8,10,12}, *p=a;
*(p+4) =2;
printf("%d,%d\n", a[3], a[4]);
```

    A．6,8　　　　　　B．10,12　　　　　C．8,10　　　　　　D．8,2

【分析】p+4 是 a[4] 的地址，*(p+4) 得到数组元素 a[4]，*(p+4)=2; 即 a[4] 赋值为 2，a[3] 是数组 a 的第 4 个元素，值为 8，这样，程序的结果是 8,2。

【答案】D

30. 下列程序的输出结果是（　　）。

```
int a[5]={2,4,6,8,10},*p=a,* *k=&p;
printf("%d",*(p++));
printf("%d",* *k);
```

A. 44　　　　　B. 46　　　　　C. 24　　　　　D. 22

【分析】p++ 使 p 变量由指向 a[0] 改为指向 a[1]，但是 p++ 是后自增，*(p++) 得到的仍是 p 自增前指向的变量 a[0]，第 2 行的显示结果是 2。二级指针变量 k 保存了指针变量 p 的地址，*k 访问变量 p，**k 也就是 *p，得到 p 所指向的变量 a[1]，第 3 行的显示结果是 4。所以，程序的输出结果是 24。

【答案】C

二、填空题

1. 数组是大批量的同种类型的数据，适合采用＿＿＿＿＿＿＿结构来处理。

【分析】数组的最大优势就是可以将成批变量采用循环结构来处理。

【答案】循环

2. 数组的元素个数是在定义数组变量时确定的，初值表可以不写，如果写了，初值的个数必须＿＿＿＿＿＿＿数组的元素个数。

【分析】数组的初值个数可以少于数组元素个数，多出的元素初始化为 0，但不能多于数组元素个数，否则会报错。

【答案】小于或等于

3. 数组的下标运算用于指定数组的一个元素，下标可以是表达式，但表达式的结果必须是＿＿＿＿＿＿＿型，如果下标值大于或等于数组元素个数会引起＿＿＿＿＿＿＿错误。

【分析】数组的下标值须是整型，不能是实型，下标值最小是 0，最大不能大于或等于数组元素个数，否则会非法使用其他程序或数据的内存空间，造成越界错误。

【答案】整、越界

4. 数组名是第＿＿＿＿＿＿＿个数组元素的地址，如果加 1 可得第＿＿＿＿＿＿＿个数组元素的地址。

【分析】数组名是第 1 个数组元素的地址，加上整数 n 可以得到第 n+1 个数组元素的地址。

【答案】1、2

5. 数组、指针、字符串可以使用＿＿＿＿＿＿＿命令来定义类型名。

【分析】typedef 命令可以为基本数据类型和构造类型命名，命名的方法是在定义变量的格式之前加上 typedef，这样定义的名称不是变量名而是类型名。

【答案】typedef

6. 数组变量和字符串变量的赋值和比较＿＿＿＿＿＿＿（可以，不可以）使用 = 和 == 运算，指针变量＿＿＿＿＿＿＿（可以，不可以）使用 = 和 == 运算。

【分析】数组变量和字符串变量的名称是第 1 个元素的地址，而且是指针常量，不允许使用赋值运算 = 改变值。比较运算 == 不能用于比较数组或字符串的所有元素，比较的只是第 1 个元素的地址。指针变量可以使用赋值运算 = 修改保存的地址值，使用比较运算 == 比较地址值的大小。

【答案】不可以、可以

7. 字符串常量是第＿＿＿＿＿＿＿个字符的内存地址，最后 1 个字符之后会有 1 个＿＿＿＿＿＿＿字符，可以使用下标运算来得到串中每一个位置的_____。

【分析】字符串常量是串中第一字符在内存中的地址，称为串首地址，在串的所有字符之后需要额外添加一个结束标志字符 '\0'，这样的串才是完整的。字符串常量可以使用下标运算 [] 或 * 运算来获取串中每个位置上的字符。

【答案】1、'\0'、字符

8. 比较大的程序可以分成多个文件来书写，可以重用的程序部分和不可以重用的程序部分分成不同的文件单独保存，这些文件需要创建一个_____才能组装并运行。

【分析】多文件的程序需要在项目的管理之下分别编译然后组装成一个可执行程序文件后才能运行。

【答案】项目

9. 常见的数组排序方法包括_____排序法、_____排序法和_____排序法，第一种是基于找最值来排序，第二种是基于添加元素到序列中保持序列有序来排序，第三种也称为冒泡排序。

【分析】数组的排序方法有不少，但需要掌握的主要是三种：选择排序法、插入排序法、交换排序法。选择排序法是通过不断找出最小值交换到最前面的方式来排序，插入排序法是通过将未排序的元素不断插入到已排序的序列中，保持序列仍然有序来排序，交换排序法是通过从左向右对所有相邻元素比较，逆序则交换，一趟过去能使最大值交换到最后面的方法来排序。

【答案】选择、插入、交换

10. scanf() 和 gets() 函数均可以为字符数组变量输入字符串，但 scanf() 不能输入_____字符。

【分析】gets() 函数是以回车作为结束符，将回车之前输入的空格、制表符等空白字符输入到字符串变量，最后的回车符会被取出但不会保存到字符串变量中。Scanf() 函数的 %s 格式则会先跳过空白字符，然后将字符串赋值给字符串变量，再次遇到空白字符则输入结束，所以不能输入空白字符到串变量中。

【答案】空白

11. 字符串的串长就是_____字符的下标值，字符串的标准函数需要宏包含_____头文件。

【分析】字符串的结束标志的下标值等于串长，使用 C 语言的标准串函数必须宏包含头文件 string.h。

【答案】'\0'、string.h

12. 二维数组有行下标和列下标两种下标，只提供行下标可以得到二维数组中每行的_____的首地址，二维数组名是指向第_____行的一维数组元素的指针。

【分析】二维数组可以看成是多行构成，每一行都是一个一维数组元素，只提供一个下标时可以得到每一行的一维数组元素，也就是每一行一维数组的首地址。二维数组名是第 1 行一维数组元素的地址，该地址指向了第 1 行的一维数组元素。

【答案】一维数组元素、1

13. 二维数组作为函数参数时，可以不写_____下标的大小，但要提供实际使用的数组元素的行数和列数。

【分析】二维数组形参是一个可以保存一维数组地址的指针变量，定义时行下标大小可以不写，但列下标大小必须要写。

【答案】行（或第一维）

14. 一个指针变量 p 保存了一个整型变量 i 的地址，可以形象地称之为指针 p_____了变量 i，通过 p 中保存的地址访问 i 称为_____访问。

【分析】指针变量可以保存变量的地址，通过该地址可以访问该变量，当指针变量保存了 1 个变量的地址时，可以称之为指向了该变量，通过指针变量访问该变量的过程称为间接访问。

【答案】指向、间接

15. 指针变量可以使用_____运算和 * 运算访问所指向的变量，如果指针变量中保存的地址为_____时，表示指针变量指向空地址，即没有指向任何变量。

【分析】指针变量指向一个变量时，可使用 [] 和 * 来访问指向的变量。指针变量保存的地址是 NULL 常量时，表示指针变量指向的是空地址，不能间接访问空地址。

【答案】[]、NULL

16. 接收命令行参数必须要在_____函数中定义参数，参数的类型为_____数组。

【分析】命令行参数是操作系统提供给程序的参数，需要通过定义 main() 函数的字符指针数组形参来接收。

【答案】main()、字符指针

17. 动态分配的内存来自称为_____的内存空间，使用动态内存的管理函数需要包含_____头文件，动态内存是指在_____阶段创建变量的内存空间。

【分析】指针的一个重要应用领域是管理动态分配的空间：堆。管理使用的是标准库 malloc.h 中提供的函数，编译程序时定义变量并分配的内存称为静态内存，程序运行时定义的变量并分配的内存称为动态内存。

【答案】堆、malloc.h、运行

三、程序填空题

1. 下面程序用于统计一个日期是一年中的第几天，请填上空缺。

```
#include <stdio.h>
void adddays(int a[12], int y)
{
    int i;
    if(y%400==0||_____①_____)   a[1]=29;
    else   a[1]=28;
    for(i=10;i>=0;i--)   a[i+1]=a[i];
    a[0]=_____②_____;
    for(i=1;i<=11;i++)   a[i]+=a[_____③_____];
}
int main()
{
    int days[12]={31,28,31,30,31,30,31,31,30,31,30,31};
    int y,m,d;
    scanf("%d%d%d",&y,&m,&d);
    adddays(days,y);
    printf("%d",days[_____④_____]+d);
    return 0;
}
```

【分析】

（1）闰年是能被400整除的年，或者能被4整除、不能被100整除的年。

（2）a 数组的初值是每个月的天数，adddays() 函数将它改为存放每个月份之前的所有月的总计天数，例如，a[0]中存放1月之前的总计天数0，a[1]存放2月之前的总计天数31…。

（3）adddays() 函数的计算思想是：将 a 数组的全部元素右移，这样，a[1]中存放了1月的天数，a[11]存放了11月的天数。a[0]=0 存放了1月前的总计天数，要使数组元素 a[1]..a[11]中保存2月前到12月前的总计天数，可以让 a[i]=a[i-1]+a[i]，当前月前的总计天数 a[i] 等于上个月前的总计天数 a[i-1] 加上个月的天数 a[i]，i=1..11。例如，2月前的总计天数 a[1] 等于1月前的总计天数 a[0]+1月的天数 a[1]，即 0+31=31。

（4）days[m-1]中保存的是 m 月之前的总计天数，加上当前月的日子 d，得到 y 年 m 月 d 日是一年中的第几天。

【答案】① y%4==0&&y%100!=0 ② 0 ③ i-1 ④ m-1

2. 下面程序用于将不同进制的串转换为10进制数，请填上空缺。

```
#include <stdio.h>
int stod(char s[], int r)
{
    int i,n,d;
    _____①_____;
    for(i=0;s[i]!=_____②_____;i++)
    {
        d=s[i]>=_____③_____?s[i]-'a'+10:s[i]>='A'&&s[i]<='F'?s[i]-'A'+10:s[i]-'0';
        if(d<0||d>=r) return -1;
        n=n*r+d;
    }
    return n;
}
int main()
{
    int n,r;
    char s[10];
    scanf("%s%d",s,&r);
    if((n=stod(s,r))==_____④_____) return -1;
    printf("%d",n);
    return 0;
}
```

【分析】

（1）变量 n 用来保存转换得到的整数，使用的是秦九韶算法，n 的初值是 0。

（2）字符数组 s 中存放了待转换的原始字符串，循环处理字符串时以 '\0' 作为结束条件。

（3）s[i] 中的16进制字符转换为对应的10进制数值时，'0'..'9' 转换为 0..9，'A'..'F' 或 'a'..'f' 转换为 10..15。

（4）stod() 函数转换失败时会返回 -1，成功时返回转换的结果。

【答案】① n=0 ② '\0' ③ s[i]>='a'&&s[i]<='f' ④ -1

3. 下面程序用于找出鞍点，即5行5列方阵中行最大且列最小的点，请填空缺。

```
#include <stdio.h>
```

```
void sp(int a[5][5])
{
    int i,j,m;
    for(i=0;i<5;i++)
    {
        ____①____;
        for(j=1;j<5;j++)
            if(a[i][m]<a[i][j]) m=j;
        for(j=0;j<5;j++)
            if(a[i][m]>a[j][m])  ____②____;
        if(j==5) printf("%d,%d\n",i,____③____);
    }
}
int main()
{
    int s[5][5];
    int i,j;
    for(i=0;i<5;i++)
    {
        for(j=0;j<5;j++)
        {
            s[i][j]=i+j+1;
            printf("%2d",s[i][j]);
        }
        printf("\n");
    }
    sp(____④____);
    return 0;
}
```

【分析】

（1）变量 m 用来保存二维数组 a 中下标 i 的行中最大值所在的列号，m 的初值是 0 列。

（2）判断 a[i][m] 中的数值是不是二维数组 a 的下标 m 的列中的最小值，如果有 a[j][m] 比 a[i][m] 还小则 a[i][m] 不是鞍点，提前退出循环。

（3）判断循环变量 j 是不是等于 5，如果是则表示 a[0][m]..a[4][m] 这 m 列的 5 个元素中 a[i][m] 是最小值，找到鞍点 a[i][m]，显示鞍点的下标 i、m。

（4）函数 sp() 是用来查找二维数组 s 中的鞍点，实参是二维数组名 s。

【答案】① m=0 ② break ③ m ④ s

四、程序改错题

1. 下列程序用于删除字符串中的空格，请指出错误的地方并改正。

```
#include <stdio.h>
void delspace(char *s)
{
    int n, i, j;
    n=sizeof(s)-1;    //第5行
    for(i=j=0;i<n;i++)
        if(s[i]!=' ')  s[j++]=s[i];
}
```

```
    int main()
    {
        char s[20];
        scanf("%s",s);
        delspace(s);
        printf("%s",s);
        return 0;
    }
```

【分析】第 5 行，只有不定长字符数组类型才可以使用 sizeof() 函数求串长，sizeof(s) 的结果是存放地址的指针变量 s 的内存大小，所有指针变量的内存大小在 32 位 CB 编译器中固定为 4。第 8 行，字符串的最后字符的后面需要有结束标志，s 串删除空格后，最后字符已经发生了改变，最后字符的后面是下标 j 的位置，但这个位置没有保存结束标志。第 12 行，scanf() 函数不能输入带空格的字符串，不适合在这使用。

【答案】

第 5 行改为 for(n=0;s[n]!='\0';n++);

第 8 行在函数结束的右花括号之前添加 s[j]='\0';

第 12 行改为 gets(s);

2. 请指出下列程序错误的地方并改正。

```
#include <stdio.h>
int main()
{   float x[2];
    float *ptr;
    *(x+1)=20.4;
    *(x+2)=30.4;      //第 7 行
    ptr=&x;
    printf("%f",ptr[1]);
}
```

【分析】第 7 行，float 型数组 x 有两个元素 x[0]、x[1]，两个元素变量的地址是 x 和 x+1，x+2 地址不在数组 x 的内存范围，属于越界使用。第 8 行，float 型数组名 x 是 x[0] 的地址，是 float 型指针，可以直接赋值给 float 型变量 ptr，而 &x 得到的是一维数组变量 x 的地址，一维数组指针与 ptr 变量的 float 型指针类型不一致，不能赋值。第 10 行，main() 函数结束前应该有 int 型返回值。

【答案】

第 7 行改为 *x=30.4;

第 8 行改为 ptr=x;

第 10 行 } 前插入一行 return 0;

五、程序分析题

1. 请给出下面程序的运行结果。

```
#include <stdio.h>
int main()
{
    char s[]="Ilikeyou";
    int i,j;
```

```
        for(i=0;i<sizeof(s)-1;i++)
        {   for(j=0;j<=i;j++)
                putchar(s[j]);
            printf("\n");
        }
        return 0;
}
```

【分析】

（1）字符串变量 s 中保存了 8 个字符的串，sizeof(s)-1 的结果是串长 8，第 6 行的循环变量 i 从 0 到 7，可以作为下标访问 s 串中的每一个字符。

（2）第 8 行的循环变量 j 从 0 到 i，取出 s 串中从串首开始到下标 i 结束的每个字符并显示，所以会先显示子串 I，再显示子串 Il，再显示子串 Ili，……，依此类推，最后显示整个 s 串。第 10 行会在显示完一行子串时换行。

【答案】

```
I
Il
Ili
Ilik
Ilike
Ilikey
Ilikeyo
Ilikeyou
```

2. 请给出下面程序的运行结果。

```
#include <stdio.h>
int mv(int a[],int n)
{
    int m;
    if(n==0) return 0;
    else
    {   m=mv(a+1,n-1);
        return a[0]>m?a[0]:m;
    }
}
int main()
{
    int s[]={20,10,40,50,30},n=5;
    printf("%d",mv(s,n));
    return 0;
}
```

【分析】

（1）第 2 行的 mv() 函数是递归函数，用来求 n 个正整型元素的数组 a 的最大值并返回。递归函数的思想是：如果 mv 求出了 a[1]..a[n-1] 中的最大值 m，那么将该最大值 m 与 a[0] 相比较，得到的较大值就是 a[0]..a[n-1] 中的最大值。

（2）主程序 main() 调用 mv 函数找出数组 s 中 n 个元素的最大值并显示。

【答案】 50

六、编程题

1. 编写程序，查找数组中的最大元素和次大元素。

【分析】查找过程如图5-4所示。

（1）输入数组的元素个数 n(n>=2) 和全部数组数据到 a[0]..a[n-1] 中。

（2）选择 a[0]..a[1] 中的较大数的下标到 m1，较小数的下标到 m2。

（3）循环将 a[2]..a[n-1] 中每个元素：

① 与 a[m1] 比较，若大于 a[m1] 则修改 m2 的值为 m1，修改 m1 的值为该数下标，否则

② 与 a[m2] 比较，若大于 a[m2] 则修改 m2 的值为该数下标。

（4）a[m1] 和 a[m2] 中的数为 a[0]..a[n-1] 中的最大元素和次大元素并输出结果。

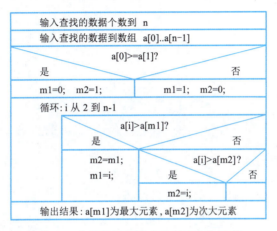

图5-4 查找数组的最大元素和次大元素

【答案】

```
#include <stdio.h>
int main()
{   int a[10],i,m1,m2,n;
    scanf("%d",&n);
    for(i=0;i<n;i++)   scanf("%d",&a[i]);
    if(a[0]>=a[1])   {  m1=0; m2=1;  }
    else   {  m1=1; m2=0;  }
    for(i=2;i<n;i++)
        if(a[m1]<a[i])  {  m2=m1; m1=i;  }
        else if(m2<a[i])   m2=i;
    printf("a[%d]=%d 最大, a[%d]=%d 第二大 \n",m1,a[m1],m2,a[m2]);
    return 0;
}
```

2. 编写程序，利用选择排序法对10个随机整数进行降序排序。

【分析】排序过程如图5-5所示。

（1）输入数组的元素个数 n 和随机数组数据到 a[0]..a[n-1] 中。

（2）i 依次取值 0..n-2，选择 a[i]..a[n-1] 中最大值到 a[i]，即：j 依次取值 i+1..n-1，通过交换来保证 a[i] 不大于 a[j]。

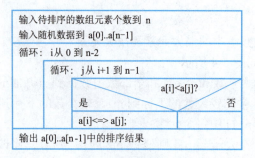

图5-5 选择法排序

（3）a[0]..a[n-1]中的元素是降序排列的，输出结果。

【答案】
```
#include <stdio.h>
#include <stdlib.h>
#include <time.h>
int main()
{   int a[10],i,j,temp,n;
    srand(time(0));
    scanf("%d",&n);
    for(i=0;i<n;i++)  a[i]=rand()%100;    //随机数限制在100以内
    for(i=0;i<n-1;i++)
        for(j=i+1;j<n;j++)
            if(a[i]<a[j])
            { temp=a[i];a[i]=a[j];a[j]=temp;  } //a[i]<=>a[j]
    for(i=0;i<n;i++)  printf("%d ",a[i]);
    return 0;
}
```

3．有10个整数按升序排列，现输入一个数，请编写程序，用二分查找法判断该数在序列中是否存在，若存在则指出是第几个。

【分析】二分查找过程如图5-6所示。

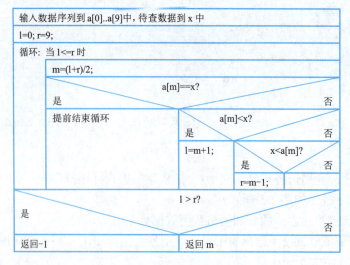

图5-6 二分查找法

（1）输入待找数 x 和 10 个升序排列的整型数据到 a[0]..a[9] 中。
（2）设置初始查找范围 l..r 为 0..9。
（3）判断查找范围是否为空，是则转（4），否则反复执行（3）。
① 使 m 等于 l 和 r 的中点。
② 若 a[m]=x 则转（4）。
③ 若 a[m]<x 则 x 只可能在 m+1..r 范围内，否则 x 只可能在 l..m-1 范围内。
（4）若范围为空则不存在 x，返回 –1，否则 a[m]=x，返回 m。

【答案】

```
#include <stdio.h>
int binsearch(int a[],int n,int x)
{   int l,r,m;
    l=0; r=n-1;
    while(l<=r)
    {   m=(l+r)/2;
        if(x==a[m])  break;
        else if(x<a[m])  r=m-1;
        else l=m+1;
    }
    if(l>r) return -1; else return m;
}
int main()
{   int a[10],i,x;
    for(i=0;i<10;i++)scanf("%d",&a[i]);
    scanf("%d",&x);
    if((i=binsearch(a,10,x))==-1) printf("%d 在数组中不存在 \n",x);
    else printf(" 数组中 a[%d] 等于 %d\n",i,x);
    return 0;
}
```

4. 有 9 个整数按升序排列，现输入一个数，请编写程序，将该数插入到数列中，保持数列仍为升序排列。

【分析】定义一个包含 10 个 int 型元素的数组 a，按从小到大顺序输入 9 个整数，再输入一个待入的数 x，循环变量 i 从 8 到 0、从右向左依次判断 a[i] 是否大于 x，若是则右移 a[i] 到 a[i+1] 中，若不是则结束循环。将 x 保存到 a[i] 之后的元素 a[i+1] 中并显示结果。

【答案】

```
#include <stdio.h>
int main()
{
    int a[10],i,x;
    for(i=0;i<9;i++)scanf("%d",&a[i]);
    scanf("%d",&x);
    for(i=8;i>=0;i--)
        if(a[i]>x)  a[i+1]=a[i];
        else break;
    a[i+1]=x;
    for(i=0;i<10;i++) printf("%d ",a[i]);
    return 0;
}
```

5. 编写程序，打印出以下的杨辉三角形（要求打印 10 行）。

1

```
1    1
1    2    1
1    3    3    1
1    4    6    4    1
1    5    10   10   5    1
```

【分析】数据规律：使用 10 行 10 列的二维数组保存每行数据。当 i>=1 且 i>=j>=1 时，a[i][j]=a[i-1][j-1]+a[i-1][j]；当 j=0 时，a[i][j]=1；其他情况下，a[i][j]=0。

设计思路：首先使二维数组初始化为零。然后将 j=0 的元素直接赋值 1。最后，i=1..9，j=1..i 组合循环生成 i>=1 且 j>=1 的每一个数组元素 a[i][j] 的数据。

【答案】

```c
#include <stdio.h>
int main()
{    int a[10][10]={0},i,j;
     for(i=0;i<10;i++)a[i][0]=1;
     for(i=1;i<10;i++)
         for(j=1;j<=i;j++)
             a[i][j]=a[i-1][j-1]+a[i-1][j];
     for(i=0;i<10;i++)
     {   for(j=0;j<=i;j++) printf("%-4d",a[i][j]);
         printf("\n");
     }
     return 0;
}
```

6. 编写程序，计算出一个二维数组中的最大列和。

【分析】sum() 函数求二维数组 a 的 j 下标列的列和并返回。maxcsum() 函数求二维数组 a 的 4 列中的最大列和并返回最大列和的列下标。主程序 main() 输入 4 行 4 列的二维数组 a，然后调用 maxcsum() 函数求 a 的最大列号的列下标赋值给 p，再显示列下标 p 及 sum(a,p) 的值。

【答案】

```c
#include <stdio.h>
int sum(int a[4][4],int j)
{    int i,m=0;
     for(i=0;i<4;i++) m+=a[i][j];
     return m;
}
int maxcsum(int a[4][4])
{    int maxc,p,i,s;
     maxc=sum(a,0); p=0;
     for(i=1;i<4;i++)
     {   s=sum(a,i);
         if(maxc<s) { maxc=s; p=i; }
     }
     return p;
}
int main()
{    int a[4][4],i,j,maxc,p;
     for(i=0;i<4;i++)
         for(j=0;j<4;j++) scanf("%d",&a[i][j]);
     p=maxcsum(a);   maxc=sum(a,p);
     printf(" 列下标为 %d 的列和 %d 最大 \n",p,maxc);
```

```
        return 0;
}
```

7. 在一个二维数组构成的方阵中，编程判断它的每一行、每一列和两条对角线之和是否均相等。例如三阶方阵：

8	1	6
3	5	7
4	9	2

【分析】

（1）输入 3 行 3 列二维数组 a 的数据，定义一维数组 d 来保存 8 个行列对角线的和，d 的 8 个元素初值均为 0。

（2）i 取值 0..2，j 取值 0..2 组合循环：

① 若 i=j，则累加计算对角线和 d[0]。
② 若 i+j=2，则累加计算反对角线和 d[1]。
③ 若 i=0，则累加计算 0 下标行和 d[2]。
④ 若 i=1，则累加计算 1 下标行和 d[3]。
⑤ 若 i=2，则累加计算 2 下标行和 d[4]。
⑥ 若 j=0，则累加计算 0 下标列和 d[5]。
⑦ 若 j=1，则累加计算 1 下标列和 d[6]。
⑧ 若 j=2，则累加计算 2 下标列和 d[7]。

（3）i 取值 1..7，循环判断 d[0] 与 d[i] 是否相等，若不相等则提前结束循环。

（4）若 i=8，则 d[0] 与 d[1]..d[7] 都相等，是 3 阶幻方，否则不是幻方，显示结果。

【答案】

```
#include <stdio.h>
int main()
{   int a[3][3],i,j,d[8]={0};
    for(i=0;i<3;i++)
        for(j=0;j<3;j++) scanf("%d",&a[i][j]);
    for(i=0;i<3;i++)
        for(j=0;j<3;j++)
        {   if(i==j) d[0]+=a[i][i];           //对角线
            if(i+j==2) d[1]+=a[i][2-i];       //反对角线
            if(i==0) d[2]+=a[i][j];           //第1行
            if(i==1) d[3]+=a[i][j];           //第2行
            if(i==2) d[4]+=a[i][j];           //第3行
            if(j==0) d[5]+=a[i][j];           //第1列
            if(j==1) d[6]+=a[i][j];           //第2列
            if(j==2) d[7]+=a[i][j];           //第3列
        }
    for(i=1;i<8;i++)
        if(d[0]!=d[i]) break;   // 存在不相等的和，退出循环
    if(i==8) printf(" 是三阶幻方 \n");
    else printf(" 不是幻方 \n");
    return 0;
}
```

8. 编程，找出所有命令行参数中的最大串长（命令行参数不包括程序名串）。

【分析】定义 main() 函数的形参 argc 和 argv 来接收命令行参数串，m 保存最大串长初

值为 0。i=1..argc-1，循环计算 argv[i] 的串长赋值给 s，若 s>m 则将 s 赋值给 m。显示命令行参数的最大串长 m。

【答案】

```
#include <stdio.h>
#include <string.h>
int main(int argc, char *argv[])
{   int m=0,s,i;
    for(i=1;i<argc;i++)
    {   s=strlen(argv[i]);
        if(m<strlen(argv[i])) m=s;
    }
    printf("%d",m);
    return 0;
}
```

9. 编程，输入一个字符串，统计其中出现的各种字符及其出现的次数。

【分析】统计过程如图 5-7 所示。

（1）定义字符数组 str 并使用 gets() 函数输入一行含空白字符的字符串，定义字符数组 letter 来登记 str 中的不同字符，变量 n 保存了 letter 中登记的字符个数，初值为 0，定义整型数组 num 来统计 letter 中对应的字符在 str 中出现的次数，num 所有元素初始化为零。

（2）循环变量 i 从 0 开始，到 str[i]='\0' 结束：

① 循环变量 j=0..n-1，判断 letter[j] 是否等于 str[i]，若相等则提前结束循环。

② 若 j=n，则 letter 中不存在 str[i] 字符，将 str[i] 赋值给 letter[j]，再让 n 加 1，否则 letter[j] 等于 str[i]。

③ 统计 letter[j] 字符出现次数的变量 num[j] 加 1。

（3）循环变量 i=0..n-1，一行一个显示 letter[i] 中的字符，及该字符出现的次数 num[i]。

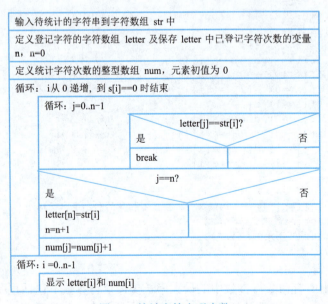

图5-7 统计字符出现次数

【答案】
```c
#include <stdio.h>
#define N 50
int main()
{
    char str[N];
    char letter[N]; //str 中出现的字符在 letter 中登记，出现在次数在 num 中统计
    int  num[N]={0},n,i,j;
    gets(str);
    for(i=0,n=0;str[i]!='\0';i++)
    {
        for(j=0;j<n;j++)
            if(letter[j]==str[i]) break;   //str[i] 已经在 letter 的下标 j 中登记，退出循环
        if(j==n) letter[n++]=str[i];   //str[i] 没有登记，添加到 letter 的最后
        num[j]++;   //letter[j] 字符次数在 num[j] 中统计
    }
    for(i=0;i<n;i++)
        printf("%c: %d\n",letter[i],num[i]);
    return 0;
}
```

10. 编写一个函数，输入一个字符串和一个字符，从串中删除该字符。

【分析】

（1）delchar() 函数删除字符数组 str 中的字符 letter：

① 变量 j 是 str 中当前未被删除的字符个数，初值为 0。

② 循环变量 i 从 0 开始，到 str[i]='\0' 结束，若 str[i]!=letter，则 str[i] 赋值给 str[j]，然后 j 加 1。

③ 将结束标志 '\0' 赋值给 str[j]。

（2）主程序 main 输入一行含空格的字符串给字符数组 str，输入待删除字符给 letter，调用 delchar 函数删除 str 中的 letter，显示结果串 str。

【答案】
```c
#include <stdio.h>
#define N 50
void delchar(char str[],char letter)
{
    int i,j;
    for(i=0,j=0;str[i];i++)
        if(str[i]!=letter) str[j++]=str[i];
    str[j]='\0';
}
int main()
{
    char str[N];
    char letter;
    gets(str);
    letter=getchar();
    delchar(str,letter);
    printf("%s",str);
```

```
        return 0;
}
```

11. 编写一个函数，统计一个串中出现另一个串的次数（查找时不区分字母大小写）。

【分析】

（1）count() 函数不区分字母大小写判断串 s2 在串 s1 中出现的次数：

① 将 s1 串和 s2 串全部转换为小写字母。

② 字符指针变量 p 指向 s1 的串首，计数变量 n=0。

③ 循环判断 s2 是否 p 串的子串，若不是则结束循环；若是则将出现的位置地址赋值给字符指针变量 q，让 n 加 1，让 p 指向下次开始查找的位置 q+strlen(s2)。

④ 返回出现的次数 n。

（2）主程序 main 输入两行含空格的串给字符数组 s1 和 s2，调用 count() 函数计算 s2 在 s1 中出现的次数赋值给 n，显示结果 n。

【答案】

```
#include <stdio.h>
#include <string.h>
int count(char s1[],char s2[])
{
    char *p,*q;
    int n=0;
    strlwr(s1);
    strlwr(s2);
    p=s1;
    while((q=strstr(p,s2))!=NULL)
    {
        n++;
        p=q+strlen(s2);
    }
    return n;
}
int main()
{
    char s1[30],s2[10];
    int n;
    gets(s1);
    gets(s2);
    n=count(s1,s2);
    printf("%d",n);
}
```

12. 编写一函数，删除一个字符串的首尾空白符号（即空格、制表符、回车符）。

【分析】

（1）trim() 函数删除字符数组 s 中串的首尾空白字符：

① 循环 i 从 0 开始，直到第 1 个非空白字符为止。

② 循环 j 从 s 的最后 1 个字符开始向前查找，直到第 1 个非空白字符为止。

③ k 保存当前未删除的字符个数，初值为 0。

④ 循环变量 i 从当前位置开始到 j 结束，将每个字符赋值给 s[k]，然后 k 加 1。

（2）主程序 main 调用 trim() 函数删除字符串变量 str 的首尾空白字符，然后显示处理后的字符串 str。

【答案】
```c
#include <stdio.h>
#include <string.h>
void trim(char s[])
{
    int i,j,k;
    for(i=0;s[i]==' '||s[i]=='\t'||s[i]=='\n';i++);    // 跳过首部空白字符，让 i 找到左边第 1 个非空白字符
    for(j=strlen(s)-1;j>=i&&(s[i]==' '||s[i]=='\t'||s[i]=='\n');j--);// 跳过尾部空白字符，让 j 找到右边第 1 个非空白字符
    for(k=0;i<=j;i++)  s[k++]=s[i];    // 将下标 i..j 的字符前移
    s[k]='\0';    // 新串的结束标志
}
int main()
{
    char str[]="\n\t  This is a string with separating char.  \t\n";
    trim(str);
    printf("%s\n",str);
}
```

13. 编写一函数，使用筛选法找出 m～n 之间的所有素数。

【分析】
（1）primes 函数在 n+1 个元素的 a 数组中筛选出所有的素数，下标为素数的元素设置值为 1，下标不是素数的元素设置值为 0：
① 设置 a 数组中下标 2..n 的元素值为 1，其他元素值设置为 0。
② 循环 i=2..n，将 2 倍以上的 i 值作为下标的 s 数组元素值设置为 0。
（2）主程序 main 输入 m 和 n 的值，调用 primes() 函数筛选出数组 a 中 n 以内的所有素数。
（3）循环变量 i=m..n，显示 a[i]=0 的下标值 i。

【答案】
```c
#include <stdio.h>
void primes(int a[],int n)
{
    int i,j;
    a[0]=a[1]=0;
    for(i=2;i<=n;i++)  a[i]=1;
    for(i=2;i<=n;i++)
        for(j=2;i*j<=n;j++) a[i*j]=0;
}
int main()
{
    int a[1001],i;
    int m,n;
    scanf("%d%d",&m,&n);
    primes(a,n);
    for(i=m;i<=n;i++)
        if(a[i]==1) printf("%d ",i);
```

```
        return 0;
}
```

5.4 典型例题选讲

一、填空题选讲

1. 指针是 C 语言的重要特色，使用指针传递函数参数的方式称为_____。

【分析】C 语言的函数参数一般是值传递方式，不允许修改实参变量，如果将实参变量地址作为指针传递则可以修改实参变量。

【答案】地址传递方式

2. 二维数组变量之所以称为两维是因为它允许有两个_____，称为行标和列标，分别用一对_____括起。

【分析】二维数组通过两个下标表示不同的坐标，可以访问平面阵列数据，使用两次下标运算方括号来访问数组成员。

【答案】下标、方括号

3. 函数名是一种函数指针，表示了函数代码的_____，使用函数调用运算圆括号可以调用该函数代码。

【分析】指针是内存地址，其中程序的内存地址可用来调用程序。函数名是程序代码在内存的开始地址，可以用来调用函数。

【答案】开始地址（或入口地址）

4. void 是空类型，表示值为空的数据集合，返回值为 void 表示没有_____。void * 是通用指针类型，表示无类型限制的内存地址，_____分配的内存地址为通用指针。

【分析】void 代表一种无任何值的类型，函数返回值取 void 表示没有返回值。void * 不能理解为指向 void 类型数据的指针，而是表示无类型限制或约束的数据指针类型，动态内存均为通用地址。

【答案】返回值、动态

5. 数组名是一种指针，但不能像指针变量一样修改它的指向，所以可以称之为_____。

【分析】数组名可以像指针一样使用间接访问运算 * 和 [] 以及加减整数 n 运算，但不能被赋值，属于指针常量。

【答案】指针常量

6. 函数的返回类型可以是指针类型，但返回的地址不能是_____变量的地址。

【分析】函数可以返回指针给主程序，由于局部变量有生存期的问题，函数中定义的局部变量不能将地址返回主程序。

【答案】局部

7. 数组名作为函数的返回值，实际上不是返回数组的值，而是返回_____。

【分析】数组名作为函数的参数或返回值均采用地址参数传递方式，传递的是数组第 1 个元素的地址，也称为数组的首地址。

【答案】数组的首地址（或者数组的第 1 元素的地址）

8. 数组的下标范围受数组定义时的大小限制，超过限制使用会造成下标越界错误。这种问题，C 语言编译时_____（会，不会）报错。

【分析】数组在定义时需要指定分配的数组元素的个数，使用时如果下标超过分配的范围，会错误地使用其他变量或代码的内存空间，这种错误是 C 语言编译器无法发现的，只能在出现运行错误时由程序员人工判断。

【答案】不会

9. 二维数组定义时可以定义两层花括号的初值表，这时数组名后面的第二维方括号内_____（可以，不可以）省略大小。

【分析】即使二维数组提供两层初始值表，也不能省略第二维（列标）的大小

【答案】不可以

10. 整型与实型数据是兼容的，整型指针类型和实型指针类型的数据是_____（兼容，不兼容）的。

【分析】整型类型数据与实型数据可以相互自动转换而不会报错，称为类型兼容的，这符合人们的计算习惯，但指针的基类型不同则属于不同类型的指针，不能自动类型转换，会造成类型不一致的警告错误。

【答案】不兼容

二、单项选择题选讲

1. 指针是一种（   ）。
    A．标识符   B．变量   C．内存地址   D．运算符

【分析】指针不是变量也不是标识符、运算符，指针是一种其他变量的内存地址数据，通过指针可以访问指向的变量。

【答案】C

2. 以十六进制显示整型指针变量 p 中的地址，可以使用命令（   ）。
    A．printf("%d",p);   B．printf("%d",*p);
    C．printf("%p",*p);   D．printf("%p",p);

【分析】%d 可以按十进制格式显示数据或地址，指针为十六进制的特殊数据类型，一般不用十进制整型格式显示，所以 A、B 不正确，由于 *p 为指针所指向的数据，因此 C 也不正确。

【答案】D

3. 为整型指针变量 p 所指向的变量输入值，可以使用命令（   ）。
    A．scanf("%p",&p);   B．scanf("%p",p);
    C．scanf("%d",&p);   D．scanf("%d",p);

【分析】p 所指向的变量是整型变量，所以 %p 是错误的，A,B 不正确；scanf 需要的参数是整型变量的地址，而 &p 是指针变量的地址，所以 C 是错误的，D 正确。

【答案】D

4. 若有定义 int i=30,*p=&i,*q=p;,下面操作不正确的是（   ）。
    A．*p=*q+i;   B．*p=&i;   C．i=p-q;   D．p=q+i;

【分析】A 表示 q 所指向变量 i 与 i 相加，即 2*i，再赋值给 p 所指向的整型变量 i，这个加运算是整数的加运算，A 的操作正确；B 表示将整型变量 i 的地址赋值给 p 所指向的整

型变量i,将地址赋值给整型变量是错误的,B的操作不正确;C表示将p和q的地址相减赋值给i,同类型指针可以相减且结果是两个地址对应数组元素的下标差,这里p和q指向同一变量,下标差为0,C的操作正确;D表示指针变量q的地址加上整型变量i,得到一个新的地址赋值给指针变量p,这个地址虽然因为越界问题不能间接引用,但D的操作正确。

【答案】B

5. 若有定义 void *p; int *q;float *r;,下面操作不正确的是（　　　）。

  A. p=q;　　　　　　B. q=r;　　　　　　C. p=r;　　　　　　D. r=p;

【分析】p是void * 通用指针类型,可以与其他类型指针变量相互赋值,所以,A、C、D正确,r和q不是同类型的指针变量,不能赋值,B是错误的。

【答案】B

6. 若有说明 #define m 20 和 const int n=10;,下面定义不正确的是（　　　）。

  A. float s[m];　　　B. float s[m*10];　　C. float s[m+n];　　D. float s[m+10];

【分析】数组大小是在编译阶段分配内存时使用的,只能是常量表达式。变量n是在运行阶段才初始化为10的,const修饰符只是限制其不可被修改,因此n不可以用在编译时定义数组的大小,C是错误的。

【答案】C

7. 若有定义 int a[]={2,1,0};,则 a[a[a[0]]]=（　　　）。

  A. 0　　　　　　　B. 1　　　　　　　C. 2　　　　　　　D. 3

【分析】数组的下标可以使用表达式,当然也可以使用数组元素,多层下标可以从最内层的下标式开始计算下标值。a[0]=2,a[a[0]] 就是 a[2],a[2]=0,a[a[a[0]]] 就是 a[0],a[0]=2,所以结果为2。

【答案】C

8. 若有定义 int a[2][3]={{1,2,3},{4,5,6}};,下面（　　　）能访问存放4的数组元素。

  A. a[2][2]　　　　　B. a[1][3]　　　　　C. *a[1]　　　　　D. a+3

【分析】a[2][2] 数据元素是第3行第3列,按行优先存储原则是第9个数组元素,超过了数组a的元素上限6个,属于越界访问。a[1][3] 是第2行第4列,按存储原则是第7个数组元素,超越了元素上限6个。所以,A、B选项不正确。存放4的数组成员是a[1][0],按存储原则是第4个数组元素,*a[1] 与 a[1][0] 的作用是一样的,所以C正确。a+3 是 a[3] 的地址,是一维数组指针,不是int型数组元素,所以D不正确。

【答案】C

9. 若有 char s[10], *p=s;,则下面语句操作正确的是（　　　）。

  A. s=p+1;　　　　B. p=s+10;　　　　C. s[2]=p[4];　　　D. p=s[0];

【分析】A中对数组名s的赋值是不允许的,数组名是指针常量不允许修改,A错误;B中s+10是数组s中的第11个元素的地址,p指向的数组元素超越了数组s的边界,B的操作不合理;C中的p[4]就是s[4],s[4]赋值给s[2]是正确的操作;D中s[0]是整型变量,赋值给指针变量p类型不正确,D是错误的。

【答案】C

10. 若有 int(*p)[4];,则下面操作没有错误的是（　　　）。

  A. int a[4]; p=a;　　　　　　　　　　B. int a[3][4]; p=a;

  C. int a[4][3]; p=a;　　　　　　　　　D. int **a; p=a;

【分析】p 是一维数组指针变量，可以指向 4 个成员的一维数组变量。A 中 p 赋值的是 a[0] 的地址，而不是 a 的地址，所以 A 是错误的；B 中二维数组变量 a 可以看成是由一维数组构成的数组，变量名 a 是第 1 个一维数组元素 a[0] 的地址，符合 p 的类型要求，所以 B 是正确的；C 中的一维数组元素 a[0] 是 3 个元素变量构成的一维数组，而 p 要求的是 4 个元素变量构成的一维数组的地址，所以 C 是错误的；D 中将二级指针赋值给一维数组指针变量类型不一致，不正确。

【答案】B

第6章 结构体类型与联合体类型

6.1 本章要点

1. 结构体类型的基本概念

结构体是由各种类型的数据项作为域而组成的一种数据结构。

结构体类型是用户定义结构体的一种构造机制,主要是定义结构体中各个域的名称和类型。

结构体变量是存储结构体类型数据的内存单元,由多个域变量组合而成。

结构体指针是结构体变量的内存地址,结构体指针变量可以保存结构体指针。

结构体数组是以结构体类型为基类型的数组,通过下标运算可以访问结构体数组的每个结构体元素变量。

2. 定义结构体类型和结构体变量

使用 struct 保留字后跟一对花括号括住所有的域定义,这样就定义了一个结构体类型。可以在 struct 后命名一个结构体类型,如 struct s {int a; float b;}; 定义了结构体类型 struct s。

使用已定义的结构体类型名可以定义结构体变量并可对变量初始化,也可以在定义结构体类型同时定义结构体变量,初值表中的初值类型要与对应的域变量类型兼容,初值的个数可以小于或等于域的个数,多出的域变量自动初始化为 0 或 NULL。如 struct s x; 是使用已定义的结构体类型定义结构体变量 x。

使用 typedef 命令可以命名结构体类型,这种方式定义的类型名可以不用加 struct 保留字直接使用。typedcf 命令只能定义类型,不能同时定义变量,后面也不能提供初值表。

3. 结构体变量的基本运算

域运算符是英文圆点,结构变量名后跟圆点及域名可以访问结构体变量中的域变量。

结构体变量支持赋值运算(=),不支持比较运算(==),赋值运算只能在同类型的结构体变量之间进行。

结构体变量作为函数的参数时,采用值传递方式。

4. 结构体指针的基本运算

结构体变量支持取址运算,可以得到结构体指针。结构体指针变量可以使用取址运算得到的结构体指针作为初值。

结构体指针变量支持箭头运算(或 –> 运算),结构体指针变量名后跟 – 和 > 及域名可以间接访问所指向的结构体变量的域变量。

结构体指针变量指向结构体数组元素时可以使用加减整数 n 运算,得到不同的数组元素的地址。

5. 结构体数组的基本运算

结构体数组变量支持下标运算，结构体数组变量名通过下标运算可以得到数组中结构体类型的元素，如 a[2] 就是一个结构体变量。如果要继续访问结构体变量中的域变量，则要使用域运算，如 a[2].x 可以访问 a[2] 中的域变量 x。

6. 链表的基本概念

链表是通过结构体指针域建立相互联系的一批结构体变量，链表中的每个结构体变量称为结点，每个结点包含数据域部分和指针域部分，修改指针域的指向可以改变链表中结点的先后顺序，结点一般采用动态内存分配，所以链表也称为动态链表。链表分为单链表、双链表、循环链表、带头结点的链表等种类。

单链表是结点的指针域只指向后继或者前驱结点，只能单向访问每个结点的数据。双链表是结点的指针域同时包含前驱指针域和后继指针域，可以从任意结点出发前向或后向访问链中所有结点的数据。循环链表的最后结点的后继指针域不是指向空地址（NULL），而是指向第 1 个结点。带头结点的链表的第 1 个结点之前会额外增加 1 个非数据结点，方便链表的操作。

7. 链表的基本操作

创建链表操作：首先建立结点的结构体类型，包含的指针域是自身结点的指针类型，然后定义每个结点变量，再通过结点中的指针域的指向建立前后关系，最后将存放第 1 结点地址的指针变量作为链表变量，也称头指针变量，通过它可以访问链表中所有结点的数据。

遍历链表操作：通过创建好的链表变量可以顺序访问链表中每一个结点，称之为遍历操作，链表的最后 1 个结点的指针域为空地址，可以此作为结束遍历的判断条件。

删除链表操作：链表中的结点变量是从动态内存中分配得到的动态变量，删除链表时需要回收结点的动态内存。依次遍历每个结点，将之从链表中取出后，使用 free 函数回收结点的动态内存空间。

8. 联合体类型及其定义

联合体类型是与结构体类型的定义方式相似的构造类型，不同之处是每个域变量共用内存，联合体变量的字节大小与占用内存最大的域变量的字节大小相同，联合体的所有域变量拥有相同的内存地址。

联合体类型以保留字 union 开始，通过一对花括号包含所有的域定义，如 union u {int a; float b;} a={1}; 定义联合体类型 union u 和联合体变量 a。联合体变量的初值表只能包含 1 个初值，即第 1 个域变量的初值。

9. 枚举类型及其定义

枚举类型是将有限个整数常量命名而成的离散数据集类型，每个常量以符号名方式表示，符号常量一般按照表示的整数的大小次序来定义，也可以打乱顺序。默认的情况下，第 1 个符号常量表示了整数 0，其他符号常量表示的整数依次加 1，这种默认的表示可以改变。

枚举类型以保留字 enum 开始，通过一对花括号包含所有的符号常量定义，如 enum e {A，B，C} a; 定义了枚举类型 enum e 和枚举变量 a。

6.2 实验指导

6.2.1 实验一 学生信息管理系统的设计

1. 实验目的

（1）以书中例题为示例，理解结构体数组的各种使用方法。
（2）学会头文件方式的可重用方法的实现过程。
（3）学会系统菜单的设计方法。

2. 实验内容

（1）启动 Code::Blocks，新建文件 syti6-1-1.c。将教材上【例 6.6】的 liti6-6.c 文件的代码删除部分注释如下输入：

```c
/*syti6-1-1.c, 学生信息表按出生日期排序并显示 */
#include <stdio.h>
#include "student.h"                          // 此头文件为程序的可重用部分
int cmpbybirth(Student a, Student b)          // 比较出生日期
{
    int r;
    if(a.birth.y!=b.birth.y)   r=a.birth.y-b.birth.y;
    else if(a.birth.m!=b.birth.m) r=a.birth.m-b.birth.m;
    else if(a.birth.d!=b.birth.d) r=a.birth.d-b.birth.d;
    else r=0;
    if(r==0)   return 0;
    else if(r>0) return 1;
    else return -1;
}
int main()                                    // 第 15 行 主程序
{
    Student s[10],temp;
    int n=3, i, j;
    for(i=0;i<n;i++) inputstud2(s+i);
    printf("排序前：\n"); outputstud(s,n);
    for(i=1;i<n;i++)                          // 第 21 ~ 29 行 插入排序
    {
        temp=s[i];
        for(j=i-1;j>=0;j--)
            if(cmpbybirth(temp,s[j])==-1)
                s[j+1]=s[j];                  // 按出生日期升序排序
            else break;
        s[j+1]=temp;
    }
    printf("排序后：\n");   outputstud(s,n);
    return 0;
}
```

如果使用快捷键【F9】进行编译并运行，会在下方的编译信息窗格中出现缺少 student.h 文件的错误。

（2）使用组合键【Ctrl+Shift+N】新建文件，【Ctrl+S】保存程序文件的名称为 student.h。

将教材上【例 6.6】的 student.h 文件的代码删除部分注释如下输入：

```c
/*student.h: 头文件中包含 Student 类型，两种格式的输入函数，输出函数 */
#include <stdio.h>
typedef struct {
    int y, m, d;
} Birthday;
typedef struct {
    char no[7];
    char name[10];
    char sex[3];
    Birthday birth;
    int grade[4];
} Student;
void inputstud1(Student *p)
{
    int i,m;
    printf("请输入学生的各项信息：\n");
    printf("学号:");  scanf("%s",p->no);
    printf("姓名:");  scanf("%s",p->name);
    printf("性别:");  scanf("%s",p->sex);
    printf("出生日期(yyyy-mm-dd):");
    scanf("%d-%d-%d",&p->birth.y,&p->birth.m,&p->birth.d);
    printf("语文:");  scanf("%d",&p->grade[0]);
    printf("数学:");  scanf("%d",&p->grade[1]);
    printf("英语:");  scanf("%d",&p->grade[2]);
    for(m=0,i=0;i<3;i++) m+=p->grade[i];
    p->grade[3]=m;
}
void inputstud2(Student *p)
{   int i,m;
    printf("请输入学生的学号、姓名、性别、出生日期、语文、数学、英语等信息:\n");
    scanf("%s%s%s",p->no, p->name, p->sex);
    scanf("%d-%d-%d",&p->birth.y,&p->birth.m,&p->birth.d);
    for(m=0,i=0;i<3;i++)
    { scanf("%d",&p->grade[i]); m+=p->grade[i]; }
    p->grade[3]=m;
}
void outputstud(Student *p, int n)
{   int i,j;
    printf("   %-7s\t%s\t%s\t%s\t%s\t%s\t%s\t%s\n","学号","姓名","性别","出生日期","语文","数学","英语","总分");
    for(i=0;i<n;i++)
    {
        printf("%-3d%-7s\t%s\t%s\t",i+1,p[i].no,p[i].name,p[i].sex);
        printf("%d-%d-%d", p[i].birth.y, p[i].birth.m, p[i].birth.d);
        for(j=0;j<4;j++) printf("\t%-d", p[i].grade[j]);
        printf("\n");
    }
}
```

切换到"syti6-1-1.c"选项卡，使用快捷键【F9】编译并运行，如果编译有错误请查错改错。

（3）程序成功运行后，在运行窗口会要求一行一个输入学生信息。可以先将学生信息一行一个预先输入到记事本中，然后选择一行学生信息并复制，到运行窗口的左上角的系统菜单中选择"编辑"→"粘贴"，可以比较快速地输入一个学生的信息，参照图6-1所示。输入三个学生后，可以看到原始的学生信息列表，包含统计的总分，以及按出生日期域升序排列后的学生信息列表，如图6-2所示。

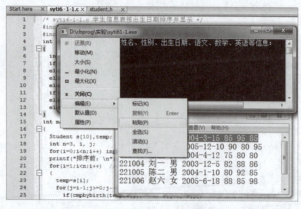

图6-1　使用复制、粘贴方法输入学生信息

图6-2　syti6-1-1.c程序的运行结果

（4）修改代码，完成排序函数sort()的编写。将syti6-1-1.c的第21～29行的排序程序移动到第15行main()函数之前，单独编写为排序函数sort()，代码如下：

```
void sort(Student s[], int n, int (*cmp)(Student,Student))
{
    int i,j;
    Student temp;
    for(i=1;i<n;i++)
    {
        temp=s[i];
        for(j=i-1;j>=0;j--)
            if(cmp(temp,s[j])==-1)
                s[j+1]=s[j];    //sort()函数的第10行,使用函数指针参数cmp比较
            else break;
```

```
        s[j+1]=temp;
    }
}
```

sort 函数的第 10 行使用的出生日期域比较函数 cmpbybirth() 变成了函数指针形参 cmp，main() 函数的第 7 行原排序程序位置处插入调用 sort() 函数的代码：sort(s,n,cmpbybirth);。使用快捷键【F9】编译并运行，运行结果与图 6-2 一样。

这里使用了函数指针为参数编写的排序程序，目的是方便重用，要添加按总分排序，只需要修改 main() 函数的第 7 行调用 sort() 函数的代码，将总分的比较函数名取代 cmpbybirth 即可。

（5）修改代码，添加各种域的比较函数。学生的每个域都可以作为排序的依据，教材上【例 6.9】介绍了八种域的比较大小函数，将这些比较函数在 syti6-1-1.c 的 sort() 函数之前输入，再在调用 sort() 函数时使用这些比较函数名作为实参就能完成各种域的排序，除了 cmpbybirth() 函数外的七种域的比较函数代码如下：

```
int cmpbyno(Student a, Student b)
{
    int r;
    if(strcmp(a.no,b.no)==0)   return 0;
    else if(strcmp(a.no,b.no)>0) return 1;
    else return -1;
}
int cmpbyname(Student a, Student b)
{
    int r;
    if(strcmp(a.name,b.name)==0)   return 0;
    else if(strcmp(a.name,b.name)>0) return 1;
    else return -1;
}
int cmpbysex(Student a, Student b)
{
    int r;
    if(strcmp(a.sex,b.sex)==0)   return 0;
    else if(strcmp(a.sex,b.sex)>0) return 1;
    else return -1;
}
int cmpbygrade0(Student a, Student b)
{
    int r;
    if(a.grade[0]!=b.grade[0])  r=a.grade[0]-b.grade[0];
    else r=0;
    if(r==0)   return 0;
    else if(r>0) return 1;
    else return -1;
}
int cmpbygrade1(Student a, Student b)
{
    int r;
    if(a.grade[1]!=b.grade[1])  r=a.grade[1]-b.grade[1];
    else r=0;
```

```
        if(r==0)   return 0;
        else if(r>0) return 1;
        else return -1;
}
int cmpbygrade2(Student a, Student b)
{
        int r;
        if(a.grade[2]!=b.grade[2])   r=a.grade[2]-b.grade[2];
        else r=0;
        if(r==0)   return 0;
        else if(r>0) return 1;
        else return -1;
}
int cmpbygrade3(Student a, Student b)
{
        int r;
        if(a.grade[3]!=b.grade[3])   r=a.grade[3]-b.grade[3];
        else r=0;
        if(r==0)   return 0;
        else if(r>0) return 1;
        else return -1;
}
```

（6）为了管理这八种排序功能，需要添加排序菜单，用户可以根据需要选择菜单项执行某一种排序功能。教材上【例 6.9】的 submenu() 函数设计了排序功能的管理菜单，将该函数添加到 syti6-1-1.c 的主程序 main() 之前、sort() 函数之后，删除注释部分后的代码如下：

```
void submenu(Student s[],int n)
{
        char mitems[][20]={
            "按学号排序 \n",
            "按姓名排序 \n",
            "按性别排序 \n",
            "按出生日期排序 \n",
            "按语文成绩排序 \n",
            "按数学成绩排序 \n",
            "按英语成绩排序 \n",
            "按总分成绩排序 \n"
        };
        int m=8, i;
        char ch;
        do{
            printf("    4.排序学生表 \n");
            printf("    ================\n");
            for(i=0;i<m;i++)
                printf("   %c. %s",'A'+i,mitems[i]);
            printf("   0.返回上一层 \n");
            do ch=getch();
            while(ch!='0'&&(ch<'A'||ch>'H'&&ch<'a'||ch>'h'));
            if(ch>='a'&&ch<='h') ch=ch-32;
            f(ch>='A'&&ch<='H') printf("开始%c. %s",ch,mitems[ch-'A']);
            switch(ch) {
```

```
                case 'A':    sort(s,n,cmpbyno);break;
                case 'B':    sort(s,n,cmpbyname);break;
                case 'C':    sort(s,n,cmpbysex);break;
                case 'D':    sort(s,n,cmpbybirth);break;
                case 'E':    sort(s,n,cmpbygrade0);break;
                case 'F':    sort(s,n,cmpbygrade1);break;
                case 'G':    sort(s,n,cmpbygrade2);break;
                case 'H':    sort(s,n,cmpbygrade3);
            }
        } while(ch!='0');
    }
```

> **注意**：比较函数和 submenu() 函数中需要使用 string.h 和 conio.h 库中的函数，需要在程序首部通过 #include 包含这两种头文件。修改 main() 函数的第 7 行调用 sort() 函数的代码，改为调用 submenu() 函数菜单使用 8 种排序功能，代码为：submenu(s,n);。使用快捷键【F9】编译并运行，出现排序菜单，可以选择调用 8 种不同的排序菜单项。

（7）修改代码，实现教材上【例 6.9】中的函数 delete()、search()、reverse()。将这些函数的代码删除注释后输入到 submenu() 函数之前、sort() 函数之后，代码如下：

```
void delete(Student s[], int *n)
{
    char studno[10];
    int i,j;
    printf("请输入要删除的学生学号："); scanf("%s",studno);
    for(i=0;i<*n;i++)
        if(strcmp(studno,s[i].no)==0) break;
    if(i==*n) printf("这个学生在学生信息表中不存在。\n");
    else {
        for(j=i+1;j<*n;j++) s[j-1]=s[j];
        *n=*n-1;
        printf("序号为%d的学生被删除。\n",i+1);
    }
}
void search(Student s[], int n)
{
    char studno[10];
    int i;
    printf("请输入要查找的学生学号："); scanf("%s",studno);
    for(i=0;i<n;i++)
        if(strcmp(studno,s[i].no)==0)  { outputstud(s+i,1); }
}
void reverse(Student s[], int n)
{
    Student temp;
    int i;
    for(i=0;i<n/2;i++) { temp=s[i]; s[i]=s[n-1-i]; s[n-1-i]=temp; }
}
```

然后将教材上【例 6.9】中 main() 函数替换现有的 main() 函数，这样就在 main() 中使用菜单管理学生各种功能，包括添加学生、删除学生、查找学生、排序学生表、倒序学生表、显示学生表等，删除注释后的 main() 函数代码如下所示：

```
int main()
```

```c
{
    Student s[10];
    int n=0;
    char mitems[][20]={
        "添加学生\n",
        "删除学生\n",
        "查找学生\n",
        "排序学生表\n",
        "倒序学生表\n",
        "显示学生表\n"
    };
    int m=6, i;
    char ch;
    do{
        printf(" 学生管理系统 \n");
        printf("==============\n");
        for(i=0;i<6;i++)
            printf("%c. %s",'1'+i,mitems[i]);
        printf("0. 退出系统 \n");
        do ch=getch();
        while(ch<'0'||ch>'6');
        if(ch>='1'&&ch<='6') printf(" 开始%c. %s",ch,mitems[ch-'1']);
        switch(ch){
            case '1':inputstud2(s+n); n++; break;
            case '2':delete(s,&n);break;
            case '3':search(s,n);break;
            case '4':submenu(s,n);break;
            case '5':reverse(s,n);break;
            case '6':outputstud(s,n);
        }
    }while(ch!='0');
    return 0;
}
```

用快捷键【F9】编译并运行，若编译通过，程序的运行窗口如图 6-3 所示。

图6-3 学生管理系统的菜单界面

3. 实验结果记录与分析

（1）在实验的第（1）步中，#include "student.h" 宏命令中使用双引号，原因是：_____。这种头文件方式的可重用方法不用创建项目，使用比较方便，但头文件中的代码不能单独编译，不方便查错。

（2）在实验的第（4）步中，sort() 函数使用 cmp() 函数指针形参的目的是：_____。函数指针的知识可以参考教材 5.4.1 节中的拓展内容，在应用系统的编写时往往有许多重复性的操作，需要了解这些实用的系统开发技术。

（3）在实验的第（7）步中，main() 函数的第 6 ~ 11 行的 mitems 数组中菜单项如果调换顺序，系统是否能正确运行：____(是，否)。如果不能正确运行，原因是：_____。

6.2.2　实验二　动态链表的基本操作

1. 实验目的

（1）以书中例题为示例，学会动态链表的创建和遍历方法。
（2）理解动态链表中结点的插入、删除操作的过程。
（3）理解动态链表的排序、倒序操作的过程。

2. 实验内容

（1）启动 Code::Blocks，使用组合键【Ctrl+Shift+N】新建文件，【Ctrl+S】保存程序文件的名称为：syti6-2-1.c。将教材上【例 6.4】的结点类型的数据部分修改为 Student 类型的学生域变量 st（Student 类型可参考实验一），学生域变量 st 的输入、输出也可重用实验一 student.h 头文件中定义的 inputstud2、outputstud 函数来完成，代码删除注释后如下：

```
/*syti6-2-1.c,创建动态单链表保存学生信息并遍历显示 */
#include <stdio.h>
#include <malloc.h>
#include "student.h"
typedef struct student {
    Student st;    //第 6 行 学生域变量 st
    struct student * next;
} StudNode;
int main()
{
    StudNode *head, *p, *q;
    int n=3, i;
    head=NULL;    //第 13~22 行，单链表 head 的创建
    printf("请输入学生信息：\n");
    for(i=0;i<n;i++)
    {
        q=(StudNode *)malloc(sizeof(StudNode));
        inputstud2(&q->st);    //第 18 行，输入 q 结点中的学生域 st
        if(head==NULL) { head=p=q; }
        else {p->next=q; p=q;}
        p->next=NULL;
    }
    p=head;    // 第 23~28 行，单链表的遍历显示
    while(p!=NULL)
```

```
        {
            outputstud(&p->st,1);    //第26行，显示p结点中的学生域st
            p=p->next;
        }
        for(p=head;p!=NULL;) {q=p;p=p->next;free(q);}//第29行，释放动态内存
        return 0;
    }
```

使用快捷键【F9】编译并运行，如果编译成功，运行结果与教材上【例6.4】相同，实现了单链表的创建、遍历显示、释放等全流程的操作。

（2）修改代码，将单链表的三种操作编写成函数。第13～22行的代码是单链表的创建操作，将它们移动到第9行 main() 函数之前，单独编写为输入函数 inputstnode()，并记录下编写的函数代码。同样，将第23～28行的遍历显示代码移动到 main() 函数之前，单独编写为输出函数 outputstnode()，将第29行的释放动态内存的代码移动到 main() 函数之前，单独编写为释放函数 clear()。修改 main() 函数，通过调用函数来完成三种操作。修改后的4个函数代码如下，其中 inputstnode() 的函数体请自行完成：

```
StudNode * inputstnode(int n);     //自行完成函数的编写
void outputstnode(StudNode *head)
{
    StudNode *p;
    p=head;
    while(p!=NULL)
    {
        outputstud(&p->st,1);
        p=p->next;
    }
}
void clear(StudNode *head)
{
    StudNode *p, *q;
    for(p=head;p!=NULL;) { q=p; p=p->next; free(q);}
}

int main()
{
    StudNode *head, *p;
    int n=3;
    head=inputstnode(n);
    outputstnode(head);
    clear(head);
    return 0;
}
```

（3）修改代码，完成单链表的找最高总分操作。将教材上【例6.7】的找最高总分结点的函数 maxnode() 删除注释后输入到 main() 函数之前，代码如下：

```
StudNode * maxnode(StudNode *head)
{
    StudNode *p=NULL, *rp, *r;
    int m;
```

```
        m=0;
        rp=NULL;
        r=head;
        while(r!=NULL)
        {
            if(r->st.grade[3]>m) {    //第10~13行,找最高总分m
                p=rp;
                m=r->st.grade[3];
            }
            rp=r;
            r=r->next;
        }
        return p;
}
```

然后修改 main() 函数的第 6 行代码 outputstnode,改为显示找到的最高总分的学生,修改后的代码段如下：

```
p=maxnode(head);
if(p==NULL) outputstud(&head->st,1);
else outputstud(&p->next->st,1);
```

使用快捷键【F9】编译并运行,程序的运行结果如图 6-4 所示。

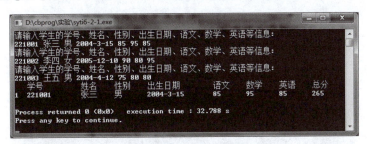

图6-4　查找最高总分的运行结果窗口

如果需要找其他单科最高分,可以将 maxnode 函数第 10～13 行中的 grade[3] 改为 grade[0],grade[1] 或 grade[2]。要查找学号、姓名、性别、出生日期域的最大值可以使用实验一中的比较函数 cmpbyno、cmpbyname、cmpbysex、cmpbybirth,对 main 的第 10～13 行的代码做如下修改即可（以学号域为例）：

```
if(cmpbyno(r->st,m)==1) {    //第10~13行,找最大学号的学生m
    p=rp;
    m=r->st;
}
```

另外,m 需改为 Student 类型的变量,将 maxnode() 函数第 4～5 行中 m 的定义修改为：

```
Student m=head->st;
```

（4）修改代码,完成对单链表按学生总分升序排序的函数 sort()。将教材上【例 6.7】的 main() 函数中的排序代码段提取出来,单独编写为升序排序函数 sort(),插入到 maxnode() 函数之后、main() 函数之前,修改后的 sort() 函数代码如下：

```
StudNode * sort(StudNode *head)
{
```

```
    StudNode *old, *p, *q;
    old=head;
    head=NULL;
    while(old!=NULL)
    {
        p=maxnode(old);
        if(p==NULL) {
            q=old;
            old=old->next;
        }
        else {
            q=p->next;
            p->next=q->next;
        }
        q->next=head;
        head=q;
    }
    return head;
}
```

将 main() 函数的第 6 行的程序代码如下修改,以调用 sort() 函数排序并遍历显示排序后的结果:

```
head=sort(head);
printf("排序后:\n");
outputstnode(head);
```

使用快捷键【F9】,程序的运行结果如图 6-5 所示。

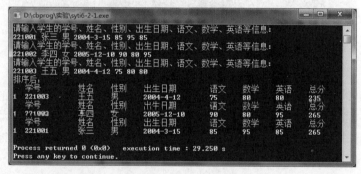

图6-5 单链表总分升序排序的运行结果窗口

(5)修改代码,完成单链表的倒序操作。将教材上【例 6.8】主程序 main() 中的单链表的倒序代码段提取出来,单独编写成函数 reverse() 函数,插入到 sort() 函数之后、main() 函数之前,编写的 reverse() 函数代码如下:

```
StudNode * reverse(StudNode *head)
{
    StudNode *p, *q, *r;
    q=NULL;
    p=head;
    while(p!=NULL) {  r=p->next;   p->next=q;   q=p;   p=r;  }
    return q;
}
```

在 main() 函数第 9 行前插入对 reverse() 函数的调用和遍历显示功能,代码如下:

```
head=reverse(head);
printf("倒序后:\n");
outputstnode(head);
```

使用快捷键【F9】编译并运行,查看倒序的结果显示与排序正好相反。

3. 实验结果记录与分析

(1) 在实验的第 (2) 步中,编写的 inputstnode() 函数代码是:_____。通过函数可以将程序分解成多个功能模块,编写一个、调试一个,降低编程和调试的难度,其他程序需要使用直接复制、粘贴即可,灵活方便。

(2) 实验的第 (4) 步, sort() 函数的第 6 行的循环条件与【例 6.7】中的原代码不同,循环时 old!=NULL 为假表示:_____。这种修改可以简化程序,免去计算单链表的表长 n。

(3) 实验的第 (5) 步, reverse() 函数的第 7 行(倒数第 2 行)的返回值是 q 而不是 head,原因是:_____。删除 main() 函数的第 12 行(倒数第 3 行)的 clear(head);程序也能运行,但程序会存在_____问题。

6.2.3 实验三 基于 Zeller 公式设计月历

1. 实验目的

(1) 以书中例题为示例,学会枚举类型的使用方法。
(2) 学会基于 Zeller 公式,设计一个显示月历的应用程序。

2. 实验内容

(1) 启动 Code::Blocks,使用组合键【Ctrl+Shift+N】新建文件,【Ctrl+S】保存程序文件名为:syti6-3-1.c。将教材上【例 6.12】的代码删除注释部分后,如下输入:

```
/*syti6-3-1.c,根据 Zeller 公式计算日期对应的星期 */
#include <stdio.h>
typedef enum {Sun,Mon,Tue,Wed,Thu,Fri,Sat} Weekday;
Weekday zeller(int y, int m, int d)
{
    int c;
    Weekday w;
    if(m < 3) {y=y-1; m=m+12;}
    c=y/100; y=y%100;
    w=(c/4-2*c+y+y/4+13*(m+1)/5+d-1)%7;
    return w;
}
int main()
{
    int y,m,d,w;
    printf("请输入一个日期(yyyy-mm-dd):"); //main 的第 4~5 行,输入日期
    scanf("%d-%d-%d",&y,&m,&d);
    w=zeller(y,m,d); // 总第 17 行 显示星期数
    switch(w) {
        case Sun: printf("星期天\n");break;
        case Mon: printf("星期一\n");break;
        case Tue: printf("星期二\n");break;
        case Wed: printf("星期三\n");break;
```

```
            case Thu: printf(" 星期四 \n");break;
            case Fri: printf(" 星期五 \n");break;
            case Sat: printf(" 星期六 \n");
        }
        return 0;
    }
```

使用快捷键【F9】编译，如果编译成功，运行结果如下：

```
请输入一个日期 (yyyy-mm-dd): 2022-8-1↙
星期一
```

（2）修改代码，编写显示月历的应用程序。修改 main() 函数的第 4～5 行，输入要显示月历的年和月到 y、m 中。在 main 的第 3 行之前添加 3 个数组：days 保存每个月的天数，months 保存月份名，weeks 保存星期的 7 个中文名。在 main() 函数中的调用 zeller() 函数函数的代码之后，添加根据 y 的年份是否闰年修改 days[1] 中的天数的代码。后面是显示月历的代码，main() 函数修改后的代码如下：

```
int main()
{
    int days[12]={31,28,31,30,31,30,31,31,30,31,30,31};
    char months[12][7]={"一月","二月","三月","四月","五月","六月","七月","八月","九月","十月","十一月","十二月"};
    char weeks[7][3]={" 日 "," 一 "," 二 "," 三 "," 四 "," 五 "," 六 "};
    int y,m,w,i;
    printf(" 请输入一个年月 (yyyy-mm): ");
    scanf("%d-%d",&y,&m);
    w=zeller(y,m,1);   //main 的 9 行，计算星期值到 w
    if(y%400==0||y%4==0&&y%100!=0) days[1]=29;//main 的第 10 行，判断闰年
    printf("%8s%s\n"," ",months[m-1]); //11 行，显示月份名
    for(i=0;i<7;i++) printf("%-3s",weeks[i]); // 第 12~13 行，显示星期名
    printf("\n");
    for(i=0;i<w;i++) printf("%3s"," ");   // 第 14 行，显示 1 日之前的空白位置
    for(i=1;i<=days[m-1];i++)   // 第 15~19 行，第 1 行 7 个显示 m 月的所有的日子
    {
        printf("%2d ",i);
        if((i+w)%7==0) printf("\n");   // 第 18 行，显示到星期六的日子换行
    }
    return 0;
}
```

main() 函数中的第 11～13 行显示月历的标题，第 14 行显示 m 月第 1 日之前的空白星期数，第 15～19 行显示 m 月的 days[m–1] 日，每个日子显示到对应的星期名之下。使用快捷键【F9】编译并运行，运行结果如图 6-6 所示。

图6-6　月历程序的运行结果窗口

3. 实验结果记录与分析

（1）在实验的第（1）步中，程序的第 18 行 switch 语句之前显示 w 值，是否会显示枚举类型中的符号常量名：＿＿＿（是/否）。说明枚举类型的符号常量在输入、输出时需要使用对应的整数值。

（2）在实验的第（2）步中，main() 函数的第 9 行调用 zeller() 函数计算星期值的日期是：＿＿＿＿＿。main() 函数的第 17 行使用的格式符是 "%2d " 而不是 "%3d" 的原因是：＿＿＿＿＿＿。

6.3 教材习题解答

一、单项选择题

1. 下面定义结构体类型 mys 的方式正确的是（　　）。
   A．struct {int x,y,z;} mys;
   B．struct mys {int x,y,z;};
   C．struct {int x,int y,int z} mys;
   D．struct mys {int x,int y, int z};

【分析】A 选项中定义的 mys 是结构体变量。C、D 选项中的三个域变量的定义必须以分号结束。

【答案】B

2. 下面定义结构体变量 a 的方式正确的是（　　）。
   A．struct {int x,y;} a;
   B．struct mys {int x,int y} a;
   C．struct {int x=0;int y=0;} a;
   D．struct mys {int x,int y } a={0};

【分析】B、D 选项中两个域变量 x,y 的定义必须以分号结束。C 选项中两个域变量 x,y 在定义时不能进行初始化，只能在变量 a 后初始化。

【答案】A

3. 下面结构体变量 a 中的 int 型域变量 x 的使用方式正确的是（　　）。
   A．a.x=100;
   B．a->x=100;
   C．scanf("%d",a.x);
   D．printf("%d",a->x);

【分析】B、D 选项中结构体变量引用域变量只能用域运算（.），使用 –> 不正确。C 选项中 scanf() 函数输入变量值时必须取变量地址作为参数，使用 a.x 不正确。

【答案】A

4. 下面结构体数组 a 中 0 下标元素的 int 型域变量 x 的使用方式正确的是（　　）。
   A．*a.x=100;
   B．a->x=100;
   C．scanf("%d",a.x);
   D．printf("%d",a[0]->x);

【分析】A 选项中 . 运算比 * 运算的优先级高，所以 * 的作用对象是 a.x，a.x 是 int 型变量不能使用 * 运行，使用错误。C 选项中 a.x 是 int 型域变量，scanf 函数需要提供变量地址，使用错误。D 选项中 a[0] 是结构体元素变量，不能使用箭头运算 –>。

【答案】B

5. 下面结构体变量 a 中的 int 数组型域变量 x 的 0 下标元素的使用方式是（　　）。
   A．*a.x=100;
   B．a.*x=100;
   C．scanf("%d",*a.x);
   D．printf("%d",a->x[0]);

【分析】B 选项中域运算（.）的后面只能是域变量名，不能是其他运算符，使用错误。C 选项中 *a.x 就是 a.x[0]，但是 scanf() 函数需要的是变量的地址，使用错误。D 选项中结构体变量 a 不能使用箭头运算 ->，使用错误。

【答案】A

6. 给出定义 struct{struct{struct{int x;}y;}z;}w;，正确访问 x 的方法是（　　）。
   A. w.x=100;　　　　　　　　　　　B. x.w=100;
   C. x.y.z.w=100;　　　　　　　　　D. w.z.y.x=100;

【分析】结构体变量 w 是三层的结构体嵌套定义，第一层的域变量 z 包含了第二层的域变量 y 再包含了第三层的域变量 x。A、B 选项中省略了中间两层的变量 y 和 z，使用错误。C 选项中域运算的使用方式错误，应该从外向内逐层访问内层的域变量。

【答案】D

7. 给出定义 struct{struct{struct{int x;}y;}z;}w,*p=&w;，访问 x 的方法是（　　）。
   A. p->w.z.y.x=100;　　　　　　　B. (*p)->z.y.x=100;
   C. *p.z.y.x =100;　　　　　　　　D. p[0].z.y.x=100;

【分析】结构体变量 w 是三层的结构体嵌套定义，第一层的域变量 z 包含了第二层的域变量 y 再包含了第三层的域变量 x。p 是指向 w 的结构体指针变量，A 选项中 p 后的箭头运算（->）后面不能写所指向的结构体变量 w，应该写域变量 z，使用错误。B 选项中 *p 得到的是所指向的结构体变量 w，而结构体变量不能使用箭头运算（->），使用错误。C 选项中 * 运算比 . 的优先级低，所以 * 的作用对象是域变量 p.z.y.x，而域变量 x 不是指针类型不能使用 * 运算，使用错误。

【答案】D

8. 给出定义 struct{struct{struct{int x;}y;}z;}w;，sizeof(w) 的结果是（　　）。
   A. 4;　　　　B. 8;　　　　C. 12;　　　　D. 16;

【分析】结构体变量 w 是三层的结构体嵌套定义，第一层的域变量 z 包含了第二层的域变量 y 再包含了第三层的域变量 x。x 的内存大小是 4 字节，y、z、w 都只有一个域变量，所以最终 w 的内存大小也是 4 字节。

【答案】A

9. 给出定义 struct{struct{int x;} y; struct{int z;} w;}p;，sizeof(p) 的结果是（　　）。
   A. 4;　　　　B. 8;　　　　C. 12;　　　　D. 16;

【分析】结构体变量 p 有两个域变量 y 和 w，域变量 y 只有一个 int 型的域变量 x，内存大小为 4 字节，域变量 w 只有一个 int 型的域变量 z，内存大小也是 4 字节，所以结构体变量 p 的内存大小是 8 字节。

【答案】B

10. 给出定义 struct{struct{int x,y;} z;}w,* p=&w;，sizeof(p) 的结果是（　　）。
    A. 4;　　　　B. 8;　　　　C. 12;　　　　D. 16;

【分析】结构体变量 w 只有一个域变量 z，域变量 z 由两个 int 型域变量 x、y 构成，内存大小为 8 字节，结构体变量 w 的内存大小也就是 8 字节。指针变量 p 指向了结构体变量 w，指针变量 p 保存了 w 的内存地址，保存 1 个内存地址所需要的内存大小为 4 字节，所以 p 的内存大小为 4 字节。

【答案】A

11. 给出定义 union{struct{int x,y;}z; struct{double x,y;} w;}p;，sizeof(p) 的结果是（   ）。

　　A．4；　　　　　　B．8；　　　　　　C．12；　　　　　　D．16；

【分析】联合体变量 p 由两个结构体域变量 z 和 w 构成，结构体域变量 z 由 2 个 int 型域变量 x、y 构成，内存大小为 8 字节，结构体域变量 w 由 2 个 double 型域变量 x、y 构成，内存大小为 16 字节，联合体变量 p 的内存大小等于最大的域变量 w 的内存大小，所以 p 的内存大小为 16 字节。

【答案】D

12. 给出定义 struct{union{int x,y;}z; union{double x,y;} w;}p;，p 所占字节数是（   ）。

　　A．4；　　　　　　B．8；　　　　　　C．12；　　　　　　D．16；

【分析】结构体变量 p 由两个域变量 z 和 w 构成，联合体域变量 z 包含两个 int 型域变量 x、y，内存大小为 4 字节，联合体域变量 w 包含两个 double 型域变量 x、y，内存大小为 8 字节，两者相加，结构体变量 p 的内存大小为 12 字节。

【答案】C

13. 有下列结构体类型，对该结构体变量 stu 的域变量的表示方式不正确的是（   ）。

```
struct student
{   int     m;
    float   n;
} stu , *p=&stu;
```

　　A．stu.n　　　　　B．p->m　　　　　C．(*p).m　　　　　D．p.stu.n

【分析】stu 是结构体变量，p 是指向 stu 的结构体指针变量，D 选项中域运算（.）不能用在指针变量 p 之后，使用错误。

【答案】D

14. 有下列结构体类型，下面的叙述中不正确的是（   ）。

```
struct ex
{  int x; float y; char z;
} example;
```

　　A．struct 是结构体类型的保留字　　　　B．example 是结构体类型名
　　C．x,y,z 都是结构体的域变量　　　　　　D．struct ex 是结构体类型名

【分析】struct ex 是结构体类型名，example 是结构体变量名，x、y、z 是结构体中的域变量名。

【答案】B

15. 有以下的定义语句，变量 aa 所占内存的字节数是（   ）。

```
union uti { int n; double g; char ch[9];};
struct  srt {float xy; union  uti  uv;} aa;
```

　　A．9　　　　　　　B．8　　　　　　　C．13　　　　　　　D．17

【分析】结构体变量 aa 是 struct srt 类型，由 float 型域变量 xy 和 union uti 类型的域变量 uv 构成。域变量 xy 的内存大小为 4 字节；union uti 是联合体类型，由三个域变量：int 型的 n、double 型的 g 和 9 字节的字节数组 ch 构成，最大域变量 ch 的内存大小是 9，所以域变量 uv 的内存大小为 9 字节。两者相加，结构体变量 aa 的内存大小为 13 字节。

【答案】C

16. 以下程序的运行结果是（　　）。

```
enum weekday { Sun, Mon,Tue,Wed,Thu,Fri,Sat};
enum weekday x=3;
printf("%d%d",x,x==Wed);
```

　　A. Tue0　　　　　B. Wed1　　　　　C. 30　　　　　D. 31

【分析】枚举类型 enum weekday 有 7 个符号常量，Sun 表示了整数 0，Mon 表示了整数 1，依次类推，Sat 表示了整数 6。enum weekday 类型的变量 x 的初值为 3，对应的符号常量是 Wed。printf() 函数显示时，x 会显示整数 3，x==Wed 的表达式结果为真，会显示整数 1，所以运行结果是 31。

【答案】D

二、填空题

1. 结构体类型的类型名写在保留字_____之后，结构体中的信息项称为_____。

【分析】结构体类型定义时的保留字是 struct，后面可以写上类型名，一对花括号中是域定义，表示结构体中的信息项，每个域定义以分号结束，最后可以定义结构体变量及初值。

【答案】struct、域

2. 结构体类型的域变量的初值必须在_____变量之后以花括号提供，初值的个数必须_____域变量的个数。

【分析】结构体变量定义时可以初始化每一个域变量，但不能将初值写在域定义中，初值的类型必须与域变量类型一一对应，初值的个数不能多于域变量的个数，但可以小于域变量个数，多出的域变量自动初始化为 0 或 NULL。

【答案】结构体、小于或等于

3. 两个同类型的结构体变量之间不可以使用_____运算，可以使用_____运算。

【分析】结构体变量支持赋值运算符（=），但不能使用相等判断符（==），必须用户自己编程判断两个结构体变量的每个域是否相等，也可以使用具有唯一性的域变量，如学号域，作为代表来对两个结构体变量进行大小比较，还可以使用有特色的域，如性别、总分域，来进行大小比较，方便分类统计工作。

【答案】判断相等（或 ==）、赋值（或 =）

4. 结构体类型的嵌套是指结构体类型中包含_____类型的域变量，访问内层的域变量必须从外向内分层使用_____运算。

【分析】结构体类型定义时域变量也可以结构体类型，称为结构体类型的嵌套定义，结构体变量要访问内层的域变量必须从外向内层次使用域运算（.）。

【答案】结构体、域（或 .）

5. 结构体指针变量需要访问指向的变量的域变量时，可以先使用_____运算再使用域运算（.），也可以直接使用_____运算。

【分析】结构体指针变量必须使用间接访问运算 * 或 [] 才能获得指向的结构体变量，然后使用域运算（.）来引用域变量。结构体指针变量也可以使用箭头运算 (–>) 来访问所指向的结构体变量的域变量。

【答案】间接访问（或 *、[]）、指针（或 –>）

6. 单链表中的结点是一种特殊的结构体类型,结点体类型中不仅包含数据域,还包含后继_____域。如果是双链表还需要包含_____域。

【分析】单链表中的每个结点都是结构体类型,包含了两种域:数据域、后继指针域。双链表有两个指针域:前驱指针域和后继指针域,可以双向遍历。

【答案】指针、前驱指针

7. 单链表中的最后一个结点的后继指针变量中存放_____作为结束标志。如果是循环链表,最后结点的后继指针域中存放的是_____的地址。

【分析】第一个结点的前驱指针域和最后一个结点的后继指针域都不指向任何结点,只能保存结束标志 NULL,循环时可以作为结束判断条件。循环链表比较特殊,首尾结点的指针域不为 NULL,第一结点的前驱指针域指向最后结点,最后结点的后继指针域指向第一结点。

【答案】NULL、第一结点

8. 联合体类型与结构体类型的定义格式大体相同,不同之处有两处:使用的保留字是_____,所有域变量_____使用内存,联合体变量的内存大小是_____域变量的大小。

【分析】联合体类型的定义格式和使用方式与结构体类型相似,不同点之一是保留字是 union,不同点之二是域变量共享内存,联合体变量的内存大小等于最大域变量的大小,每个域变量具有相同的内存地址。

【答案】union、共享、最大

9. 使用 #define 一次可以定义一个符号常量,一次要定义一批相互关联的整数符号常量可以使用_____类型。

【分析】枚举类型的特点是将一批离散的整数值表示为符号常量,这样可以使程序可读性更好。枚举类型的变量就是整型变量,但要注意赋值时不要超出枚举类型的范围,否则会无意义,例如,月份类型多出一个 13 月是没有意义的。

【答案】枚举

10. 使用_____命令定义的结构体类型、联合体类型、枚举类型,使用时可以不用在类型名前加上保留字。

【分析】结构体类型、联合体类型、枚举类型定义后要使用必须要在类型名前加上保留字,使用 typedef 命令定义的类型名可以去除保留字,直接使用类型名,非常方便。

【答案】typedef

三、程序改错题

1. 请指出下面定义中的错误并改正。

```
struct husband {
    char name[10];
    int age;
    struct wife spouse;
} x;
struct wife {
    char name[10];
    int age;
    struct husband spouse;
} y;
```

【分析】结构体定义不允许循环定义，即域变量使用自身类型，循环定义会造成编译时无法分配结构体变量的内存大小。usband 和 wife 中的 spouse 是间接的循环定义，与循环定义一样无法编译，是不允许的。改正的方法是将 spouse 定义为指针类型，这样编译时就可以分配域变量的内存。

【答案】

```
struct wife;
struct husband {
    char name[10];
    int age;
    struct wife *spouse;
} x;
struct wife {
    char name[10];
    int age;
    struct husband *spouse;
} y;
```

2. 下面的程序是求 10 个整数之和，请指出程序中的错误并改正。

```
#include <stdio.h>
#include <malloc.h>
struct grade {
    int gd;
    struct *next;    //第 5 行
};
int main()
{   struct grade *head, *q;
    int n=10, i, m;
    for(i=0;i<n;i++)
    {   q=malloc(sizeof(struct grade));
        q->next=head; head=q;
        scanf("%d",&q->gd);
    }
    for(m=0,q=head;q!=NULL;q=q->next) m+=q->gd;
    printf("%d",m);
    return 0;
}
```

【分析】第 5 行，结构体的指针域的定义不正确，结构体指针的类型是 struct grade *。第 9 行，head 是链表的头指针变量，初值是空表 NULL。第 19 行，动态内存在程序结束前必须释放，否则会减少可使用的内存。

【答案】

（1）第 5 行，改为 struct grade *next;。

（2）第 9 行，改为 struct grade *head=NULL, *q;。

（3）第 19 行，在 return 0; 之前添加 while(head!=NULL) {q=head; head=head->next; free(q);}。

四、程序分析题

1. 请写出存取含 "while" 字符串的变量的表示方式。

```
struct {
    char *word;
    int count;
    }
table[]={"if",8,"while",3,"for",5,"switch",20};
```

【分析】数组变量 table 由四个结构体元素变量组成,每个元素变量由字符指针域 word 和整数域 count 构成,word 域初值是字符串常量的地址。"while" 字符串常量由 table[1] 元素变量的 word 域指向,访问该数组元素的 word 域的公式为:table[1].word。

【答案】table[1].word

2. 请写出下面定义中域变量 y 和 z 的值。

```
union {
    unsigned int x;
    struct {
        unsigned char y;
        unsigned char z;
    } a2;
} a1={0x5678};
```

【分析】联合体变量 a1 中的域变量 x 和 a2 共享内存空间,域变量 x 为 4 字节内存,结构体域变量 a2 由 2 个字符域变量 y、z 构成,为 2 字节。a1 的初值 0x5678 是第 1 个域变量 x 的值,存储时遵循低位存放在低字节、高位存放在高字节的原则,域变量 x 的 4 个字节中第 1 个字节是 0x78,第 2 个字节是 0x56,第 3、4 字节为 0。由于联合体的域变量共享内存,a2 域变量中的域变量 y 共享域变量 x 的第 1 字节,a2 域变量中的域变量 z 共享域变量 x 的第 2 字节,所以,y 和 z 中分别存放了数据 0x78 和 0x56。

【答案】a1.a2.y=0x78 a1.a2.z=0x56

3. 请使用 typedef 写出下面结构体类型及变量的定义。

```
struct robot {
    char name[10];
    int limbs;
    float weight;
    char habits[20][100];
} r,d;
```

【分析】使用 typedef 可以为结构体类型命名,使用该类型名定义结构体变量时不需写保留字 struct。结构体类型定义时 struct 后面可以不写类型名。

【答案】

```
typedef struct {
    char name[10];
    int limbs;
    float weight;
    char habits[20][100];
} robot;
robot r,d;
```

五、编程题

1. 定义一个日期结构体类型(包括年、月、日),编写一函数以年份和该年中的第几天为参数,返回值为这一天的日期。

【分析】

(1) getdate() 函数通过年份 y 和一年中的第 ds 天可以推算出是那一天的日期并返回,算法如图 6-7 所示。

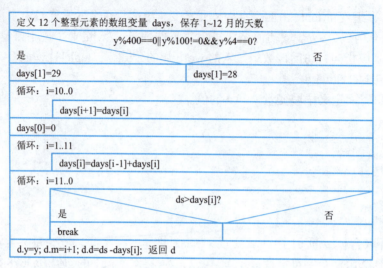

图6-7　通过一年中的第几天推算日期的算法

① 数组 days 中保存了 1～12 月的天数,判断 y 是否闰年,是则 days[1]=29,否则 days[1]=28。

② 将当月天数后移一位,days[1]..days[11] 中保存 1～11 月的天数,让 days[0] 为 0。

③ 调整数组 days 的作用,使它保存 1～12 月的之前的月份的总计天数:循环 i=1..11,使 days[i]=days[i-1]+days[i]。

④ 循环 i=11..0,判断 ds 是否大于 days[i],若是则 ds 是 i+1 月,结束循环。

⑤ 日期类型的变量 d 中的域变量 y、m、d 分别赋值为 y、i+1、ds-days[i],返回 d。

(2) 主程序 main 输入年份 y 和一年中第几天 ds,调用 getdate 得到日期变量 d,显示 d 中的年 y、月 m、日 d 域。

【答案】

```
#include <stdio.h>
typedef struct {
    int y,m,d;
} Date;
Date getdate(int y, int ds)
{
    Date d;
    int days[]={31,28,31,30,31,30,31,31,30,31,30,31};
    int i;
    if(y%400==0||y%4==0&&y%100!=0) days[1]=29;  // 判断闰年
    else days[1]=28;
    for(i=10;i>=0;i--) days[i+1]=days[i];   //days 中存放本月之前累计天数
    days[0]=0;
    for(i=1;i<=11;i++) days[i]+=days[i-1];
    for(i=11;i>=0;i--)    // 判断 ds 是哪个月
```

```
            if(days[i]<ds) break;
        d.y=y; d.m=i+1; d.d=ds-days[i];
        return d;
}
int main()
{
    int y, ds;
    Date d;
    printf("请输入哪一年第几天: ");
    scanf("%d%d",&y,&ds);
    d=getdate(y,ds);
    printf("%d-%d-%d\n",d.y,d.m,d.d);
    return 0;
}
```

2. 定义一个复数的结构体类型，编程处理两复数变量的和与乘积的计算。

【分析】复数结构类型 Complex 包含实数域 r 和虚数域 i。add() 函数完成两个复数 a 和 b 的相加，分别将 a 和 b 的实数域 r 与虚数域 i 相加。mul() 函数完成两个复数 a 和 b 的相乘，将 a 和 b 的实数域的乘积减去虚数域的乘积作为结果的实数域，将 a 的实数域与 b 的虚数域的乘积加上 a 的虚数域与 b 的实数域的乘积，作为结果的虚数域。主程序 main() 输入两个复数 a 和 b，调用 add() 函数得到 a 和 b 的和并显示，调用 mul 函数得到 a 和 b 的积并显示。

【答案】

```
#include <stdio.h>
typedef struct {
    int r,i;   //r是实部 i虚部
} Complex;
Complex add(Complex a,Complex b)
{
    Complex c;
    c.r=a.r+b.r;
    c.i=a.i+b.i;
    return c;
}
Complex mul(Complex a,Complex b)
{
    Complex c;
    c.r=a.r*b.r-a.i*b.i;
    c.i=a.r*b.i+a.i*b.r;
    return c;
}
int main()
{
    Complex a={2,3},b={2,3},c;//a=2+3i b=2+3i
    c=add(a,b);
    printf("%d+%di\n",c.r,c.i);
    c=mul(a,b);
    printf("%d+%di\n",c.r,c.i);
    return 0;
```

}

3. 定义一个学生的结构体类型，包括学号、姓名、性别和成绩，请编写程序对多个学生按性别+成绩排序，即先按性别排序，性别相同的按成绩排序。

【分析】学生结构类型 Student 包含学号域 no、姓名域 name、性别域 sex 和成绩域 grade。cmp() 函数完成两个学生 a 和 b 的性别+成绩的大小比较，返回值为 1 表示 a>b，0 表示 a=b，−1 表示 a<b。如果 a 和 b 的性别域 sex 不同，则返回 sex 串的比较结果，如果 a 和 b 的性别域 sex 相同，则判断 a 和 b 的成绩域 grade 的值的大小，大于返回 1，相等返回 0，小于返回 −1。主程序 main() 输入 n 个学生信息到学生数组变量 s 中（默认 n=3），基于 cmp() 函数的比较结果作为排序依据，使用冒泡排序法对 s 数组中的 n 个元素变量从小到大排序。显示排序后的数组 s 中的 n 个元素变量的值。

【答案】

```c
#include <stdio.h>
#include <string.h>
typedef struct {
    char no[7];
    char name[10];
    char sex[3];
    int grade;
} Student;
int cmp(Student a,Student b)
{
    if(strcmp(a.sex,b.sex)!=0) return strcmp(a.sex,b.sex);
    else if(a.grade==b.grade) return 0;
    else if(a.grade>b.grade) return 1;
    else return -1;
}
int main()
{
    Student s[10],temp;
    int n=3,i,j;   //n个学生
    printf("请输入学号，姓名，性别，成绩:\n");
    for(i=0;i<n;i++)
    { scanf("%s%s%s%d",s[i].no,s[i].name,s[i].sex,&s[i].grade); }
    for(i=0;i<n-1;i++)
        for(j=0;j<n-1-i;j++)
            if(cmp(s[j],s[j+1])==1)   // 升序冒泡排序
            { temp=s[j]; s[j]=s[j+1]; s[j+1]=temp; }
    for(i=0;i<n;i++)
        printf("%s %s %s %d\n",s[i].no,s[i].name,s[i].sex,s[i].grade);
    return 0;
}
```

4. 定义一个包含成绩的单链表结点类型，编写程序创建两个单链表，再将两者合并成一个链表并显示。

【分析】

（1）定义结点类型 GdNode，包含成绩域 grade 和后继指针域 next。

（2）create() 函数用来创建单链表，并返回单链表的头指针：

① 输入结点数 n，头指针为 head，指针 p 始终指向链表的最后结点。
② 循环 i=0..n-1：
- 动态分配一个学生变量由指针 q 指向，输入 q 的成绩域 grade。
- 若是第 1 个链表中结点，则 head 和 p 均指向 q 所指向的结点，否则让 p 的后继指针 next 指向 q 所指向的结点，q 指向的结点成为新的最后结点，让 p 指向该结点，即指向新的最后结点。
③ 返回头指针 head。

（3）主程序 main() 创建两个单链表，头指针分别为 h1 和 h2，循环找到 h1 的最后结点让指针 p 指向，然后让 p 的后继指针 next 指向 h2 所指向的结点，这样链表 h2 被链接到 h1 之后。循环遍历显示 h1 链表中的结点数据，最后释放 h1 链表中所有结点的动态内存。

【答案】

```
#include <stdio.h>
#include <malloc.h>
typedef struct gd {
    int grade;
    struct gd *next;
} GdNode;
GdNode *create()
{
    GdNode *head, *p, *q;
    int n,i;
    printf(" 有几个数 ?"); scanf("%d",&n);
    for(i=0;i<n;i++)
    {
        q=malloc(sizeof(GdNode));
        scanf("%d",&q->grade);
        if(i==0) {head=p=q;}
        else {  p->next=q; p=q;  }
    }
    p->next=NULL;
    return head;
}
int main()
{
    GdNode *h1,*h2,*p,*q;
    h1=create();
    h2=create();
    p=h1;
    while(p->next!=NULL) p=p->next;
    p->next=h2;
    p=h1;
    while(p!=NULL) {printf("%d ",p->grade); p=p->next;}
    p=h1;
    while(p!=NULL) {q=p; p=p->next; free(q);}
    return 0;
}
```

5. 编程完成图书馆借还书记录的管理，记录信息单包括三个信息项：书名，借书人名，借书日期。要求：

（1）能在借书时登记借书情况。
（2）能在还书时删除已登记的借书记录（根据书名和借书人名查找记录）。
（3）能按借书人名排序借书记录。
（4）能显示所有已借书的记录。

【分析】

（1）定义 Date 结构体类型表示借书日期类型，定义 BwRecord 结构体类型表示借书记录类型，包含书名域 book，借书人名域 borrower，借书日期域 date。

（2）lendabook() 函数在借书记录清单变量 s 中添加一条新的借书记录，并使清单记录数变量 *n 加 1。

（3）returnabook() 函数根据书名和借书人名查找借书记录清单变量 s 中借书记录，找到与书名和人名相同的记录则删除，并使清单记录数变量 *n 减 1。

（4）sortbwrecord() 函数根据借书清单中记录的借书人名域的比较结果，对借书记录清单变量 s 中的 n 条记录进行选择升序排序。

（5）showbwrecord() 函数显示借书记录清单变量 s 中所有 n 条记录。

（6）主程序 main() 定义借书记录清单数组变量 s 和清单记录数变量 n，n 初值为 0。循环显示菜单，由用户输入开关值 ch 来选择菜单项，然后调用相应处理函数，直到输入 0 结束循环。菜单流程如图 6-8 所示。

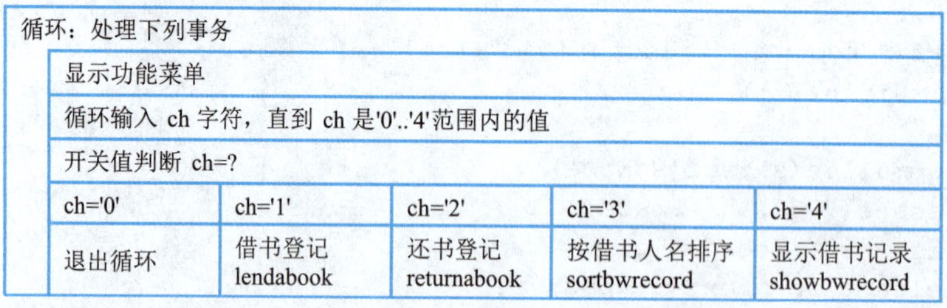

循环：处理下列事务				
显示功能菜单				
循环输入 ch 字符，直到 ch 是'0'..'4'范围内的值				
开关值判断 ch=?				
ch='0'	ch='1'	ch='2'	ch='3'	ch='4'
退出循环	借书登记 lendabook	还书登记 returnabook	按借书人名排序 sortbwrecord	显示借书记录 showbwrecord

图6-8　主程序中菜单处理流程

【答案】

```
#include <stdio.h>
#include <string.h>
#include <conio.h>
typedef struct {
    int y,m,d;
} Date;
typedef struct {
    char book[30];
    char borrower[30];
    Date date;
} BwRecord;
void lendabook(BwRecord s[],int *n)
{
    printf("请登记借书信息：\n");
    printf("书名:"); gets(s[*n].book);
    printf("借书人名:"); scanf("%s",s[*n].borrower);
    printf(" 日期 (yyyy-mm-dd):");
```

```c
        scanf("%d-%d-%d",&s[*n].date.y,&s[*n].date.m,&s[*n].date.d);
        getchar(); // 去除尾随回车
        (*n)++;
}
void returnabook(BwRecord s[],int *n)
{
    int i,j;
    char bkname[30],bwname[30];
    printf("请输入归回书籍的信息: \n");
    printf("归还的书名: "); gets(bkname);
    printf("借书人名: "); scanf("%s",bwname);
    getchar(); // 去除尾随回车
    for(i=0;i<*n;i++)
        if(strcmp(s[i].book,bkname)==0&&strcmp(s[i].borrower,bwname)==0)
            break;
    if(i==*n) return;    // 没找到记录
    for(j=i+1;j<*n;j++) s[j-1]=s[j];
    (*n)--;
}
void sortbwrecord(BwRecord s[],int n)
{   BwRecord temp;
    int i,j,p;
    printf("按照借书人名排序 \n");
    for(i=0;i<n-1;i++)
    {   p=i;
        for(j=i+1;j<n;j++)
            if(strcmp(s[p].borrower,s[j].borrower)>0) p=j;
        if(p!=i) {   temp=s[p]; s[p]=s[i]; s[i]=temp;   }
    }
}
void showbwrecord(BwRecord s[],int n)
{   int i;
    printf("%-10s%-20s%-8s\n","借书人名 "," 书名 "," 借书日期 ");
    for(i=0;i<n;i++)
    {   printf("%-10s%-20s%d-%d-%d\n",s[i].borrower,s[i].book,
s[i].date.y,s[i].date.m,s[i].date.d);   }
}
int main()
{   char menu[][20]={
        "借书登记 \n",
        "还书登记 \n",
        "按借书人名排序 \n",
        "显示借书记录 \n"
    };
    BwRecord s[10];
    int m=4,n=0,i;
    char ch;
    do {
        printf("借还书记录管理系统 \n");
        printf("==================\n");
        for(i=0;i<m;i++)   printf("%c. %s",i+'1',menu[i]);
```

```
            printf("0. 退出系统 \n");
            do ch=getch(); while(ch<'0'||ch>'4');
            switch(ch) {
                case '1': lendabook(s,&n);break;
                case '2': returnabook(s,&n);break;
                case '3': sortbwrecord(s,n);break;
                case '4': showbwrecord(s,n);
            }
    } while(ch!='0');
    return 0;
}
```

6.4 典型例题选讲

一、填空题选讲

1. 结构体类型是一种用户自定义的数据类型，定义的类型由多个数据项构成，每个数据项称为_____。

【分析】结构体类型的数据项成员称为"域"（field）。

【答案】域

2. 定义结构体类型的同时可以定义结构体类型变量，定义好的结构体类型名使用时需要在前面加上保留字_____。

【分析】定义任何变量必须要有变量所属的类型，结构体变量的类型可以是预先定义好的结构体类型，也可以是在定义结构体类型的同时定义变量，结构体类型的类型名需要包含保留字 struct。

【答案】struct

3. 结构体变量由域变量组合而成，使用_____运算可访问结构体变量中的域变量。

【分析】域变量是结构体变量的组成部分，结构体变量的域运算（.）可以访问域变量。

【答案】域运算（或 .）

4. 结构体指针变量保存了结构体变量的内存地址，使用_____运算可以访问所指向的结构体变量中的域变量。

【分析】结构体指针变量通过间接访问运算（* 或 []）来访问指向的结构体变量，再通过域运算（.）访问所指向的结构体变量中的域变量，也可以使用箭头运算（->）直接访问所指向的结构体变量的域变量。

【答案】箭头（或 ->）

5. 链表中的结点是一种结构体，结点结构体中的指针域指向了前驱结点和后继结点，指针域是用_____类型实现的。

【分析】链表结点包含数据域和指针域，数据域保存了事物的属性，指针域是自身结点类型为基类型的结构体指针类型，可以指向同类型的其他结点。

【答案】结构体指针

6. 动态链表是通过动态内存分配建立动态结点的方式构成的链表，结点的内存空间是在_____阶段分配和回收的。

【分析】动态内存是在程序运行阶段通过动态内存管理函数来分配与回收，与之相对应的，编译阶段分配给变量和代码的内存称为是静态内存。

【答案】程序运行

7. 结构体类型变量的内存大小是由所有域变量的内存大小_____得到；联合体类型变量的内存大小是由所有域变量大小_____得到，而且域变量的内存是共享使用的。

【分析】联合体类型与结构体类型的最大不同是联合体只为最大的域变量分配内存，其他域变量共享该内存。

【答案】求和、求最大值

8. 枚举类型定义以保留字_____开始，定义中的每个成员是用于表示离散整数的_____常量，默认情况下第一个常量对应的离散整数为_____，其他常量依次加 1。

【分析】枚举类型会为一批离散的整数定义符号常量名，枚举类型的变量的取值需要在这些整数范围内才有意义，默认时第一个符号常量表示了整数 0，可以重新设置每个符合常量所表示的整数。

【答案】enum、符号、0

9. 函数的结构体参数和返回值采用_____参数传递方式，结构体数组参数采用_____参数传递方式。

【分析】结构体类型参数通过赋值将实参值赋值给函数形参，函数无法通过参数修改实参变量的值；结构体数组本质上仍为数组，参数传递时只传递数组的开始地址。

【答案】值、地址

二、单项选择题选讲

1. 定义结构体类型变量时，下列叙述正确的是（   ）。
   A．系统会按域变量内存大小总和分配变量内存
   B．系统会按最大域变量需要的内存大小分配内存
   C．系统会在程序运行阶段分配变量内存
   D．以上说法均不正确

【分析】定义结构体类型时不会分配内存，但在定义结构体变量时，系统会在编译阶段根据结构体类型定义时域变量的内存大小之和来分配结构体变量的内存，然后对结构体变量初始化。

【答案】A

2. 定义 union { char c; char m[4];} r;，执行 strcpy(r.m,"yes"); 后 r.c 的值为（   ）。
   A．'y'   B．'e'   C．'s'   D．随机字符

【分析】字符串函数 strcpy() 将字符串 "yes" 赋值给字符数组 r.m，由于共享内存，r.c 字符域变量和数组元素 r.m[0] 是同一块内存，所以 r.c 的值为 'y'。

【答案】A

3. 执行下面定义 struct s1 { int x;} z; struct s2{ int x;float y;struct s1 *p2;} r,*p1=&r; p1->p2=&z;，选项中表达式正确的是（   ）。
   A．*p1.p2.x=3;   B．p1.p2.x=3;   C．p1->(*p2).x=3;   D．p1->p2->x=3;

【分析】A 中 * 比 . 运算优先级低，所以 * 的作用对象是 p1.p2.x，x 不是指针变量，使用错误。B 中 p1 和 p2 都是结构体指针类型，不允许使用域运算（.），使用错误。C 中 -> 运算的后面只能跟域变量名，不能跟运算符或表达式，使用错误。

4. 已知结构体变量 x 的初值为 {"20",30,40,35.5}，请问适合该变量的结构体类型定义是（　　）。

  A．struct s {int no; int x,y,z;};　　　　B．struct s {char no[3]; int x,y,z;};
  C．struct s {int no; float x,y,z;};　　　D．struct s {char no[3];float x,y;};

【分析】A、C 中第 1 个域变量 no 是整型，无法使用字符串作为初值，定义错误。D 中域变量个数少于初值个数，无法初始化。B 中的域变量 z 是整型，接受实型的初值 35.5 时会自动取整，是正确的定义。

【答案】B

5. 有下面程序段 struct abc{int x;char y;}; abc s1={10,20},s2;s2=s1;，编译时会出现（　　）。

  A．struct abc 的类型定义报错　　　　B．变量 s1、s2 的定义报错
  C．变量 s1、s2 的初始化报错　　　　D．变量 s1、s2 的赋值运算报错

【分析】结构体类型名在使用时必须包含保留字 struct，否则编译时会在变量定义这一语句报错。

【答案】B

6. 有下面程序段 struct {int n; char m[4];} a={10,"yes"}; struct {int *n; char *m;} b;，下面能让 b 中域指针 n、m 指向 a 中域变量 n、m 的是（　　）。

  A．b=&a;　　　　　　　　　　　　B．b.n=&a.n; b.m=&a.m;
  C．b->n=a.n;b->m=a.m;　　　　　　D．b.n=&a.n; b.m=a.m;

【分析】A 中 b 不是指针变量，不能赋值为 a 的地址，使用方式有错。B 中 a.m 是字符数组名，是指针类型，取址后变成数组指针，与 b.m 的字符指针类型不一致，使用错误。C 中 b 不是指针变量不能使用箭头运算 –>，使用方式有错。

【答案】D

第 7 章 文 件

7.1 本章要点

1. 文件

文件是一组存储在外部介质上的相关数据的有序集合体。

2. 文件的分类

从用户的角度看,文件可分为普通文件和设备文件两种;从文件编码的方式来看,文件可分为文本文件(或称 ASCII 码文件)和二进制文件(映像文件)两种。

3. 文件缓冲区

系统为打开的文件在内存中分配的一块存储区,目的是提高文件访问效率。

4. 文件类型指针

是指向一个结构体类型(FILE)的指针变量,这个结构体类型包括文件名、文件状态、数据缓冲区的位置、文件读/写的当前位置等内容。定义文件类型指针变量的格式为:
FILE * 指针变量名

5. 打开文件 fopen() 函数:若打开成功,返回一个指向 FILE 类型的指针

调用格式:fopen(文件名,文件打开方式)

6. 关闭文件 fclose() 函数:关闭一个已被打开的文件

调用格式:fclose(文件指针)

7. 单个字符输入 fgetc() 函数:从文件读取一个字符

调用格式:ch=fgetc(fp)

8. 单个字符输出 fputc() 函数:把一个字符写入文件

调用格式:fputc(ch,fp)

9. 字符串输入 fgets() 函数:从文件读取一个字符串

调用格式:fgets(str,n,fp)

10. 字符串输出 fputs() 函数:把一个字符串写入文件

调用格式:fputs(str,fp)

11. 格式化输入 fscanf() 函数:按指定格式从文件读取数据

调用格式:fscanf(文件指针,格式字符串,输入项地址列表)

12. 格式化输出 fprintf() 函数：按指定格式把数据写入文件

调用格式：`fprintf(文件指针，格式字符串，输出项列表)`

13. 数据块输入 fread() 函数：用于二进制文件的读取

调用格式：`fread(buffer,size,number,fp)`

14. 数据块输出 fwrite() 函数：用于二进制文件的写入

调用格式：`fwrite(buffer,size,number,fp)`

15. feof() 函数：判断是否已读取文件结束标志

调用格式：`feof(fp)`

16. rewind() 函数：将读/写位置指针重新指向文件首

调用格式：`rewind(fp)`

17. fseek() 函数：改变文件位置指示器的指向

调用格式：`fseek(fp,offset,base)`

18. ftell() 函数：返回文件位置指示器的当前指向

调用格式：`ftell(fp)`

 7.2 实 验 指 导

7.2.1 实验一 文件的打开和关闭

1. 实验目的

（1）掌握 C 语言的各种文件打开方式及其语法。
（2）能合理使用文件的打开方式，实现对文件的正确访问。
（3）了解文件关闭的作用，掌握表示文件关闭的语法。
（4）了解系统实现文件访问的基本原理。

2. 实验内容

（1）在 Code::Blocks 中新建文件 syti7-1-1.c，在其中输入以下程序，程序功能是打开指定文件，并输出文件中的第一个字符。

```c
#include <stdio.h>
int main()
{
    FILE *fp;
    char ch;
    if((fp=fopen("test.txt","r"))==NULL)
    {   printf("Can not open the file\n");
        exit(0);
    }
    ch=fgetc(fp);
    printf("ch=%c\n",ch);
    fclose(fp);
    return 0;
```

}

（2）运行上述程序，查看运行结果，并分析原因。

（3）在 syti7-1-1.c 文件所在的目录下，新建一名为 test.txt 的文本文件，在其中输入"123"这几个字符并保存关闭。现在想把文件的第一个字符改为"A"，即文件内容变为"A23"，将 syti7-1-1.c 中的程序修改如下：

```
#include <stdio.h>
int main(){
    FILE *fp;
    if((fp=fopen("test.txt","w"))==NULL)
    {   printf("Can not open the file\n");
        exit(0);
    }
    fputc('A',fp);
    fclose(fp);
    return 0;
}
```

（4）运行上述程序后，打开 test.txt 文件，查看其中的内容并解释原因，并思考如何修改程序。

（5）将 test.txt 文件的内容改为图 7-1 所示，在其中输入"ABCD"，注意后面不要敲回车键换行，保存关闭。

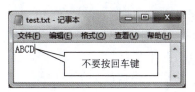

图7-1　没有回车符的字符串

将 syti7-1-1.c 中的程序修改如下，程序功能是打开上述 test.txt 文件，将其中的字符以 ASCII 码的形式输出。

```
#include <stdio.h>
int main()
{
    FILE *fp;
    char ch;
    fp=fopen("test.txt","r");        /* 以只读的文本方式打开 */
    ch=fgetc(fp);
    while(!feof(fp))
    {   printf("%d ",ch);            /* 以ASCII码形式输出文件中的每个字符 */
        ch=fgetc(fp);
    }
    fclose(fp);
    return 0;
}
```

（6）运行上述程序，查看运行结果。将上述程序的文件打开方式改为"fopen("test.txt","rb")"，即以二进制方式打开，再次运行程序，并查看运行结果。将两种不同打开方式下的运行结果进行比较。

（7）将 test.txt 文件的内容改为图 7-2 所示，只是在原内容后面增加个换行符，并保存关闭。

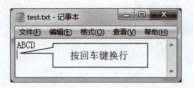

图7-2 有回车符的字符串

（8）在文件内容加了换行符后，将上述程序再次分别按"fopen("test.txt","r")"和"fopen("test.txt","rb")"的打开方式各运行一次，并查看这两次的运行结果。

（9）将 syti7-1-1.c 中的程序修改如下，功能是往指定文件中写入一个字符串。

```
#include <stdio.h>
int main()
{
    FILE *fp;
    fp=fopen("exam.txt","w");
    fputs("1234",fp);
    return 0;
}
```

（10）注意上述程序末尾没有写"fclose(fp);"语句。fclose() 函数能起到保存文件的作用，但现在程序中没有写该语句，那字符串"1234"有没有真正写入到 exam.txt 文件中呢？程序运行结束后，打开 exam.txt 文件查看。

（11）继续将 syti7-1-1.c 中的程序修改如下，功能是往指定文件中写入一个字符串，然后将写入文件中的字符逐个输出。

```
#include <stdio.h>
int main()
{
    FILE *fp;
    char ch;

    fp=fopen("exam.txt","w");
    fputs("5678",fp);

    fp=fopen("exam.txt","r");
    ch=fgetc(fp);
    while(!feof(fp))
    {   printf("%c\n",ch);
        ch=fgetc(fp);
    }
}
```

（12）上述程序首先以"w"的方式对指定文件写入一个字符串，然后再以"r"的方式打开文件，将里面的字符逐个读出并显示。注意，程序中仍然没有 fclose(fp) 语句。将程序运行，查看程序的输出是什么？打开 exam.txt，查看里面的内容是什么？分析发现的问题，思考如何修改程序？

3. 实验结果记录与分析

（1）实验内容第（2）步的运行结果是_____，导致这个结果的原因是_____。

（2）实验内容第（4）步，test.txt 文件中的内容是_____，出现该情况的原因是_____。对程序的修改建议是_____。

（3）实验内容第（6）步的两次运行结果是什么？从本步实验你发现了什么？

（4）实验内容第（8）步的两次运行结果分别是什么？和实验内容第（6）步的结果相比，你发现了什么问题，请做出合理的解释。（提示：可参考教材 7.4.2 节的内容）

（5）实验内容第（10）步，文件访问结束后没有执行关闭操作，按理之前写入的内容不会保存到文件中。打开 exam.txt 文件，请对看到的结果做出合理解释。（提示：准备写入文件的内容会先被放在缓冲区中，fclose() 函数能把缓冲区中还没保存的内容保存到文件中。但现在程序中没有 fclose 语句，根据 exam.txt 的内容来看，应该有"人"帮程序做了这件事，那会是谁呢？感兴趣的读者可以自行百度了解。）

（6）实验内容第（12）步的程序输出是什么？exam.txt 文件的内容是什么？试对你发现的问题做出合理的解释，并对程序修改，给出正确的程序。（提示：同一个文件被连续打开两次，那么每次打开都会创建一个缓冲区，并且两次打开之间没有关闭操作，这两个缓冲区会同时存在。第一个缓冲区服务于"w"打开方式，第二个缓冲区服务于"r"打开方式。）

7.2.2 实验二 文件的访问

1. 实验目的

（1）掌握按字符/字符串、按格式、按数据块等各种读/写文件的方法。

（2）掌握顺序遍历文件和随机访问文件的方法。

2. 实验内容

（1）在 Code::Blocks 中新建文件 syti7-2-1.c，并在其中输入以下程序，程序的功能是往指定的 test.txt 文件中写入字符串 "5678"，然后再按 ASCII 码的方式输出文件中的每个字符。

```
#include <stdio.h>
int main()
{
    FILE *fp;
    char ch;

    fp=fopen("test.txt","w");
    fputs("5678",fp);
    fclose(fp);

    fp=fopen("test.txt","r");
    while(!feof(fp))
    {   ch=fgetc(fp);
        printf("%d ",ch);
    }
```

```
    fclose(fp);
    return 0;
}
```

(2）将上述程序运行，输出结果是"53 54 55 56 −1"。文件中写入的是 '5'、'6'、'7'、'8' 这 4 个字符，对应的 ASCII 码分别是 53、54、55、56，为何多出来个 −1？

（3）将 test.txt 文件中的第 3 个字符（即 '7'）改为 '4'。常见的方法是用 fseek() 函数将文件位置指示器指向第 3 个字符，然后利用 fputc() 函数将字符 '4' 去覆盖字符 '7'。将 syti7-2-1.c 中的程序改为如下。

```
#include <stdio.h>
int main()
{
    FILE *fp;
    char ch;

    fp=fopen("test.txt","w");
    fputs("5678",fp);
    fclose(fp);

    fp=fopen("test.txt","r+");          /*将文件以可读可写方式打开*/
    fseek(fp,2L,0);                     /*定位到第 3 个字符；注意偏移量是 2，不是 3*/
    fputc('4',fp);                      /*将第 3 个字符改写*/
    fclose(fp);
    return 0;
}
```

（4）上述程序运行后，打开 test.txt 文件，查看是否完成了字符的替换。

（5）上述替换还可以另外一种方式实现，虽然效率不高，但可以从中发现一些问题。要替换第 3 个字符，可以先连续读取前面 2 个字符，这样文件位置指示器就自动指向了第 3 个字符，此时再用 fputc() 函数就可实现替换了。理论如此，但实际会怎样呢？为此，将程序中的语句"fseek(fp,2L,0);"改为"fgetc(fp); fgetc(fp);"（连续读 2 次）。运行修改后的程序后，打开 test.txt 文件，查看是否与预想的一致。如果文件的第 3 个字符没有被替换，那原因是什么，并思考如何修改程序达到目的（注意：不能用原来的 fseek(fp,2L,0)）。

（6）上述第（5）步是由读变为写时，文件操作会失效；反之，由写变为读时，又会怎样呢？第（3）步中的程序通过"fputc('4',fp);"完成对第 3 个字符的替换后，文件位置指示器后移指向第 4 个字符（即 '8'），此时用"fgetc(fp)"能读出该字符吗？在"fputc('4',fp);"的后面增加一条语句"printf("%c\n",fgetc(fp));"，然后运行程序，查看输出结果是否和预想的一致。

（7）创建一名为 exam.txt 的文件，在其中写入一随机字符串，如"f5apc3ak"，编程将文件中的第一个 "a" 改为 "A"。将 syti7-2-1.c 中的程序改为如下。运行该程序后，打开 exam.txt 的文件，查看结果是否与预期的一致。

```
#include <stdio.h>
int main()
{
    FILE *fp;
    char ch;
    fp=fopen("exam.txt","w");
    fputs("f5apc3ak",fp);
```

```
        fclose(fp);

        fp=fopen("exam.txt","r+");
        while((ch=fgetc(fp))!=EOF)
        {
            if(ch=='a')
            {   fputc('A',fp);    /*将找到的第一个 'a' 改为 'A'*/
                break;            /*后面的 'a' 不需要替换,则结束循环 */
            }
        }
        fclose(fp);
        return 0;
}
```

（8）将一个整数分别按十进制格式化、十六进制格式化和按数据块（二进制）的方式写入到同一个文件中。将 syti7-2-1.c 中的程序修改如下：

```
#include <stdio.h>
int main()
{
    FILE *fp;
    int x=910118433;
    fp=fopen("exam.txt","w");
    fprintf(fp,"%d\n",x);
    fprintf(fp,"%X\n",x);
    fwrite(&x,sizeof(int),1,fp);
    fclose(fp);
    return 0;
}
```

（9）运行上述程序后，打开 exam.txt 文件，查看文件内容并对结果进行分析。

3. 实验结果记录与分析

（1）对实验内容第（2）步的输出结果进行原因解释，并指出如何对程序进行修改。

（2）实验内容第（3）步中的程序，打开/关闭文件分别进行了两次，如果要求只打开/关闭文件一次，也能完成相应的功能，程序如何修改？

（3）分别查看实验内容第（4）步和第（5）步的 test.txt 文件内容，两者有何不同？若按第 5 步修改的程序没有达到预期效果，则程序应如何修改。（提示：连续两次读字符后，文件位置指示器已指向第 3 个字符，但 fputc 却不能对其写入，说明读/写方式的切换影响了文件操作，可考虑用 "fseek(fp,0L,1)" 重新对当前位置指定后，再写入。）

（4）按实验内容第（6）步修改程序并运行后，程序输出是什么？如果不是字符 '8'，那是什么原因，程序如何修改？（提示：参考上一个问题的提示。）并根据实验内容的第 4、5、6 步的结果进行总结。

（5）运行实验内容第（7）步中的程序，查看 exam.txt 的文件中的内容是否与预想的一致。若不一致，分析原因，并修改程序以达到所需的效果。（提示：找到第一个 'a' 后，文件位置指示器已指向了后面的字符，因此在替换前需将位置指示器重新指向 'a'。）

（6）实验内容第（9）步，运行程序后，打开 exam.txt 文件，看到的内容是_____、_____和_____。根据实验结果，比较按格式输出和按数据块输出有何不同；按数据块（二进制）方式输出到文件中的数据与内存中的数据在字节排列顺序上有何不同。

7.2.3 实验习题

1. 往指定文件中写入一随机字符串，如 "xad48aa3ka"，要求将文件中的所有小写字母 "a" 都变为大写字母 "A"。程序运行结果如下所示：

文件原内容：xad48aa3ka

替换后内容：xAd48AA3kA

要求：程序中的文件打开/关闭操作只能各有一次。

提示：参考实验 7.2.2 的内容。

2. 实现对文本文件按指定位置删除字符和按指定位置插入字符（插入操作是将字符插入在指定位置的后面）。删除字符的函数为 delete_char(文件指针, 指定位置)，插入字符的函数为 insert_char(文件指针, 指定位置, 字符)，参数"指定位置"是相对文件第 1 个字符的偏移量。例如，设文件内容为 "abc5defg"，执行 delete_char(fp,3) 后，文件内容变为 "abcdefg"；文件内容为 "abc5defg"，执行 insert_char(fp,3,'6') 后，文件内容变为 "abc56defg"

提示：可使用临时文件配合完成。例如对于删除操作，先新建一临时文件，将原文件在指定位置前和指定位置后的字符按顺序写入到临时文件中。将原文件内容清空（用"w"方式打开），将临时文件中的内容全部写入到原文件中即可。删除临时文件可用 C 标准函数"int remove(char *file)"，函数原型在 stdio.h 中声明。插入字符也可以用类似的方法。

7.3 教材习题解答

一、单项选择题

1. 下列有关 C 语言文件的叙述，正确的是（　　）。
   A. 文件由 ASCII 码字符序列组成，C 语言只能读/写文本文件
   B. 文件由二进制数据序列组成，C 语言只能读/写二进制文件
   C. 文件由记录序列组成，按数据的存储形式分为二进制文件和文本文件
   D. 文件由数据流形式组成，按数据的存储形式，文件分为二进制文件和文本文件

【分析】C 语言既能读/写文本文件，也能读/写二进制文件，因此选项 A 和选项 B 的叙述都不正确。和其他高级语言不同，一个 C 文件是一个字节流或者二进制流，称之为流式文件，对文件存取是以字符（或字节）为单位，而不是以记录作为单位，故选项 C 的叙述错误。

【答案】D

2. 下列有关 C 语言中文件的叙述，错误的是（　　）。
   A. C 语言中的文本文件以 ASCII 码形式存储数据
   B. C 语言中对二进制位的访问速度比文本文件快
   C. C 语言中随机读/写方式不适用于文本文件
   D. C 语言中顺序读/写方式不适用于二进制文件

【分析】在 C 语言中，二进制文件既可以用于顺序读/写，也可以用于随机读/写，选项 D 的叙述是错误的。

【答案】D

3. C语言中标准输入文件是指（　　）。
   A．键盘　　　　　B．显示器　　　　　C．打印机　　　　　D．硬盘

   【分析】本题考查有关标准设备文件的知识。在多数 C 语言版本中，标准头文件 stdio.h 定义了五种标准设备文件指针：标准输入文件指针 stdin（键盘）、标准输出文件指针 stdout（显示器）、标准错误输出文件指针 stderr（显示器）、标准辅助设备文件指针 stdaux（第一串口 COM1）、标准打印输出文件指针 stdprn（打印机）。

   【答案】A

4. C语言中用于关闭文件的库函数是（　　）。
   A．fopen()　　　　B．fclose()　　　　C．fseek()　　　　D．rewind()

   【分析】在 C 语言中函数 fopen() 用于打开文件，函数 fclose() 用于关闭文件，函数 fseek() 用于调整文件内读定位置指针的值，函数 rewind() 用于将读/写位置指针重新置于文件首，因此本题中选项 B 是正确的。

   【答案】B

5. 假设 fp 为文件指针并已指向了某个文件，问在没有遇到文件结束标志时，函数 feof(fp) 的返回值为（　　）。
   A．0　　　　　　B．1　　　　　　C．-1　　　　　　D．一个非 0 的值

   【分析】C 语言中，当位置指针指向文件的末尾，函数 feof(fp) 的返回值为真（即一个非 0 的值），否则 feof(fp) 函数的返回值为假（即 0），故本题中选项 A 正确。

   【答案】A

6. 在函数 fopen() 中使用 "a+" 方式打开一个已经存在的文件，以下叙述正确的是（　　）。
   A．文件打开时，原有文件内容不被删除，可做追加和读操作
   B．文件打开时，原有文件内容不被删除，可做重写和读操作
   C．文件打开时，原有文件内容被删除，只可做写操作
   D．以上三种说法都不正确

   【分析】在用函数 fopen() 打开文件时，若选择了 "a+" 方式，则本质也是可读可写的方式，且文件内容不丢失，但这种写只能把内容添加在文件末尾。也就是说，用 rewind 或 fseek 修改文件位置指示器的位置后，写入操作也只能添加在文件末尾，而不能将当前指向的内容覆盖（重写），因此选项 A 正确。

   【答案】A

7. 下列说法错误的是（　　）。
   A．文本文件可以用二进制方式打开，反之二进制文件也可用文本方式打开
   B．可以用 fprintf() 函数实现 printf() 函数的功能
   C．以 "r+" 方式打开的文件，在用 fgetc() 读取当前字符后，可立即用 fputc() 函数在其后写入一个字符
   D．为了便于应用程序与设备之间进行数据交换，系统将各种设备也抽象为文件

   【分析】无论什么类型的文件，都可以用任何方式打开；fprintf() 函数只要指定文件指针是 stdout 就等价于 printf() 函数；为统一访问，设备在系统中也被定义为文件（即设备文件）。以 "r+" 方式打开的文件可读可写，但在发生读/写状态切换时，要用 fseek() 函数进行重新定位，才能保证其后的写/读有效，否则其后的写/读无效。因此该题选 C。

【答案】C

8. 以下说法正确的是（　　）。

A. 以 fopen() 函数打开某个文件后，对其中写入了内容，如果没有用 fclose() 函数关闭文件，则写入的内容无效

B. 对某文本文件以 "r" 方式或 "rb" 方式打开后，对文件内容的读取，两者是完全一样的

C. 对设备文件的访问是不需要文件缓冲区的

D. 按格式写函数能将二进制数据转换为以字符表示的形式写入到文件中

【分析】经实验可知，文件打开并修改后，即使没有用 fclose() 函数关闭文件，也能保证之前写入的内容保存到文件中，因为系统会帮程序关闭文件，所以 A 不对；但还是要尽量避免遗漏 fclose() 函数，因为若程序频繁打开文件，并在访问后又忘记关闭文件，容易引发错误。Windows 系统中，文本文件中的换行符实际是由回车符和换行符构成的，对包含换行符的文本文件，以 "r" 或 "rb" 方式打开进行内容访问时，对换行符的处理，两种打开方式是不一样的，具体可参见主教材中的相关说明，所以 B 错误。对设备文件的访问一般也是需要缓冲区的，所以 C 错误。按格式写函数 fprintf() 可以将整数、实数、字符等各种类型的二进制数据按指定的格式写入到文件中，按指定格式实际就是转换为对应的 ASCII 字符表示形式，所以 D 正确。

【答案】D

二、填空题

1. C 语言中的文件被看作是由一个个的字符（或者字节）按照一定的顺序组成的，因此文件又被称为_____。

【分析】所谓文件，指的是一组存储在外部介质上的相关数据的有序集合体。C 语言中的文件被看作是字符（或字节）的序列，字符（或字节）序列称之为字节流，故 C 中的文件又称为流式文件。

【答案】流式文件

2. C 语言中文件的分类有不同的标准。从文件所在位置来看，文件可分为_____和_____两种；从文件数据的编码方式来看，文件可分为_____和_____。

【分析】在 C 语言中由于划分的标准不同，文件的具体种类也不同。从用户的角度来看，文件可分为普通文件和设备文件两种；从文件的读/写方式来看，文件可分为顺序读/写文件和随机读/写文件；从文件编码的方式来看，文件可分为文本文件和二进制文件两种。

【答案】普通文件　设备文件　文本文件（ASCII 码文件）　二进制文件

3. 在 C 语言定义的多个标准设备文件中，_____代表标准输入文件，_____代表标准输出文件，_____代表标准错误输出文件，_____代表标准辅助设备，_____代表标准打印机。

【分析】在 C 语言中，设备文件是指与计算机主机相连的各种外部硬件设备（比如显示器、打印机、键盘等），对外部设备的访问也被看是对特殊文件的访问。C 语言中定义的五个设备文件名分别是：stdin 代表标准输入设备（键盘），stdout 代表标准输出设备（显示器），stderr 代表标准出错输出设备（显示器），stdaux 代表标准辅助设备（第一个串口，即 COM1 接口），stdprn 代表标准打印机（打印机）。

【答案】stdio stdout stderr stdaux stdprn

4. 专门负责把文件的读/写位置指针重新指回文件首的函数是_____，能够把文件的读/写位置指针调整到文件中的任意位置的函数是_____，能够获取文件当前的读/写位置字节数的函数是_____。

【分析】在对文件进行定位的函数中，rewind()用来控制读/写位置指针重新指向文件首，fseek()用于随意移动文件的读/写位置指针，ftell()用来获取文件当前的读/写位置。这三个标准函数为文件的随机读/写提供了很大的方便。

【答案】rewind fseek ftell

5. 以可读可写的方式在 C: 盘根目录下新建并打开一个名为 new1.dat 文件，则相应的 C 语句为 fp = _____。

【分析】题目要以可读可写的方式打开文件，那是用"r+"还是"w+"？题目指出要以新建的方式打开，则应该用"w+"。文件的路径不能用"C:\new1.dat"，而应该是"C:\\new1.dat"，因为 '\n' 表示的是换行符。

【答案】fopen("C:\\new1.dat", "w+")

三、程序分析题

1. 分析下列程序，并写出运行结果。

```c
#include <stdio.h>
#include <stdlib.h>
int main()
{
    int i,n;
    FILE *fp;
    if((fp=fopen("temp","w+"))==NULL)
    {   printf("Can not create file.\n");
        exit(0);
    }
    for(i=1;i<=10;i++)fprintf(fp,"%3d",i);
    for(i=0;i<5;i++)
    {   fseek(fp,i*6L,SEEK_SET);
        fscanf(fp,"%d",&n);
        printf("%3d",n);
    }
    printf("\n");
    fclose(fp);
    return 0;
}
```

【分析】在文件 temp 中通过循环写入了 1～10 这十个整数，其中每个整数占 3 个字符宽度，文件的存储格式如下，其中一个"□"表示一个空格。

□□1□□2□□3□□4□□5□□6□□7□□8□□9□10

接着循环中利用 fseek 函数从文件首开始，每次读取偏移量为 i*6 的一个整数（i 从 0 开始），则读取的 5 个数为 1、3、5、7、9。

【答案】1 3 5 7 9

2. 分析下列程序，并写出运行结果。

```c
#include<stdio.h>
```

```c
#include<stdlib.h>
int main()
{
    FILE *fp;
    char str[40];
    fp=fopen("test.txt","r");   /*test.txt 内容为"Hello,everyone!"*/
    fgets(str,5,fp);
    printf("%s\n",str);
    fclose(fp);
    return 0;
}
```

【分析】库函数 fgets(str,n,fp) 用来从指定的文件 fp 中最多读取（n–1）个字符，并自动地在所读出的（n–1 个）字符的最后添加字符串结束标记（即 '\0'），然后把该字符串保存在以 str 作为首地址的数组中。本题中 n=5，因此最后存储在字符数组 str 中的串是 "Hell"。

【答案】Hell

四、程序填空题

1. 把两个有序文件合并成一个新的有序文件。假设文本文件 a.dat 中存储的数据为 1、6、9、18、27 和 35，文本文件 b.dat 中存储的数据为 10、23、25、27、39 和 61，现在对这两个文件中的数据进行合并，要求依然保持原来从小到大的顺序，即 1、6、9、10、18、23、25、27、27、35、39 和 61，最后合并的结果写入文本文件 c.dat，请将下列程序补充完整。

```c
#include <stdio.h>
#include <stdlib.h>
int main()
{
    FILE *f1, *f2, *f3;
    int x,y;
    if((f1=fopen("a.dat","r"))==NULL)
    {   printf("文件 a.dat 不能打开。\n");
        exit(0);
    }
    if((f2=fopen("b.dat","r"))==NULL)
    {   printf("文件 b.dat 不能打开。\n");
        exit(0);
    }
    if((_____①_____)==NULL)
    {   printf("文件 c.dat 不能打开。\n");
        exit(0);
    }
    fscanf(f1,"%d",&x);
    _____②_____;
    while(!feof(f1)&&!feof(f2))
        if( ____③____ )
            {fprintf(f3,"%d\n",x); fscanf(f1,"%d",&x);}
        else   {fprintf(f3,"%d\n",y); fscanf(f2,"%d",&y);}
    while(!feof(f1))
    {   ____④____;
        fscanf(f1,"%d",&x);
    }
```

```
        while(!feof(f2))
        {   fprintf(f3,"%d\n",y);
                    ⑤          ;
        }
        fclose(f1);
        fclose(f2);
        fclose(f3);
        return 0;
    }
```

【分析】把两个有序的子序列重新合并为一个新的有序序列，这一过程在《数据结构》中被称为归并排序。与以前学过的简单选择排序、直接插入排序、冒泡排序一样，归并排序也是一种排序方法，但它的使用前提是要合并的那些序列必须事先就已经是有序的。已知两个有序文件 a.dat 和 b.dat 都是按升序排列的，经过归并排序后产生的结果文件 c.dat 也是升序排列的，具体排序过程如下：

（1）打开 a.dat、b.dat 和 c.dat 三个文件，其中前两者以读方式打开，后者以写方式打开。

（2）读取 a.dat 中的第一条数据并将其存入变量 x 中；读取 b.dat 中的第一条数据并存入变量 y 中。

（3）比较 x 和 y 的大小，将二者中数值较小的数写入 c.dat 中。如果此时 x 较小，一方面把 x 写入 c.dat，另一方面读入 a.dat 的下一个数据并将其存入变量 x；如果比较时 y 较小，在把 y 写入 c.dat 的同时又读入 b.dat 的下一个数据到变量 y，然后开始下一轮 x 和 y 的比较。

（4）按照上一步介绍的方法如此往复进行逐个比较，直到 a.dat 和 b.dat 中某个文件的数据全部读完为止。

（5）如果 a.dat 中的数据尚未读完，则把 a.dat 中剩余的数据全部读出并逐个写入 c.dat。

（6）如果 b.dat 中的数据尚未读完，则把 b.dat 中剩余的数据全部读出并逐个写入 c.dat。

弄清楚上面所介绍的归并排序过程，现在的题目就好做了。本题一共涉及了 3 个文件，它们分别是 a.dat、b.dat 和 c.dat，其中前两个是已有的，第三个是要产生的。在程序的开始部分这 3 个文件同时被打开，三者所对应的文件指针变量分别是 f1、f2 和 f3，而且 a.dat 和 b.dat 是以读方式打开的，可以断定 c.dat 肯定是以写方式打开的，因此第①空的答案是：f3=fopen("c.dat", "w")。

三个文件被打开后，a.dat 中的第一条数据被读至变量 x 中，根据上面介绍的归并排序算法中的第（2）步，可以断定 b.dat 中的首条数据也应该读至变量 y 中，因此第②空的答案是：fscanf(f2, "%d", &y)。

程序中第一个循环 while(!feof(f1) && !feof(f2)) 表示 a.dat 和 b.dat 两个文件当前正在读取，其循环体是一条简单的 if 语句。根据此时 if 语句中的内容及上面介绍的归并排序的第（3）步，可推导出 if 的条件（即第③空的答案）是：x<y 或者 x<=y。

第③空有两个答案是因为在一般情况下 a.dat 和 b.dat 中可以存在相同的元素，譬如 a.dat 和 b.dat 都有 10 存在，在此情况下合并后产生的 c.dat 中也就应该有两个相同的元素（譬如此时的 10）存在。

第④和⑤空的内容要根据第二个 while 循环及第三个 while 循环来判断。第二个循环

while(!feof(f1)) 表示文件 a.dat 中的数据尚未读完,也就是说此时文件 b.dat 中的数据已经读完了,在这种情况下根据上面介绍的归并排序的第(5)步,可知应该先把 a.dat 中的 x 写入 c.dat,然后再读取 a.dat 中的下一个数至变量 x 中,因此第④空的答案是:fprintf(f3, "%d\n",x)。同理可以推出第⑤空的答案是:fscanf(f2,"%d",&y)。

【答案】

① f3=fopen("c.dat", "w")
② fscanf(f2,"%d",&y)
③ x<y 或者 x<=y
④ fprintf(f3, "%d\n",x)
⑤ fscanf(f2,"%d",&y)

2. 产生 1 000 以内的所有素数,并把它们写入一个指定的文本文件 d:\code\prime.dat 中去。请将下列程序补充完整。

```
#include <stdio.h>
#include <stdlib.h>
_____①_____
int main()
{
    FILE *fp;
    int i,j;
    if((fp=fopen("d:\\code\\prime.dat","w"))==NULL)
    {   printf("文件不能打开。\n");
        exit(0);
    }
    fprintf(fp, "%4d\n%4d\n",2,3);
    for(i=5;_____②_____ ;i+=2)
    {   for(j=3;j<=sqrt(i);j=j+2)
            if(_____③_____)break;
        if(j>sqrt(i))_____④_____ ;
    }
    fclose(fp);
    return 0;
}
```

【分析】本题还是一个求解素数的问题,与以往不同的是,现在要求的是文件操作。题目当中的"d:\myself\prime.dat"表示的是存储在驱动器 D 中 myself 文件夹下的一个名为 prime.dat 的文件。

阅读提供的代码可以看到,程序中出现了求整型变量 i 的算术平方根的函数 sqrt(i),而求平方根函数 sqrt() 的函数原型包含在头文件 math.h 中,于是得到了第①空的答案是:#include <math.h>。

程序开始时通过函数 fopen() 按照写文件方式打开了 D 盘指定文件夹下的 prime.dat 文件,紧接着通过语句 fprintf(fp, "%4d\n%4d\n",2,3);,把 2 和 3 这两个素数单独写入了文本文件,随后的两重循环实际上是判断介于 5 到 1 000 之间的所有奇数有哪些是素数,同时将求到的素数写入文本文件。据此推导,第②空的答案就是:i<1000 或者 i<=999。

两重循环中的内循环(即 j 循环)是用来判断一个介于 5 到 1 000 之间的奇数 i 是否是素数,因为唯一一个是偶数的素数 2 已经在开始时就保存到文件中去了,下面开始判断奇数 i 是不是素数的起始值 j 就是从 3 开始一直到 sqrt(i) 结束，而且只要考虑该区间内的奇数就可以了。根据素数的判定条件，第③空的答案是：i％j==0。

第④空所在的 if 语句实质上是对 i 下结论，从内循环 j 退出后能满足 j>sqrt(i) 条件的就是素数，根据题目的要求应该把它们写入文本文件中去，这样就得到第④空的答案：fprintf(fp, "%4d\n",i)。

如果第④空不是把得到的素数 i 写到文件中去，而是通过 printf("%4d\n",i) 将素数显示在屏幕上，这显然与题目要求不符，请注意不要弄错。

【答案】
① #include <math.h>
② i<1000 或者 i<=999
③ i％j==0
④ fprintf(fp,"%4d\n",i)

五、编程题

1. 从键盘上输入一个字符串，最后以 '#' 结束。设计一个程序，要求将字符串中的小写字母全部转换为大写字母，并把转换后的字符串全部保存到一个名为 upper.txt 的文本文件中。

【分析】把小写英文字母 ch 转为大写字母的表达式是 ch-'a'+'A'=ch-97+65，即 ch-32。同理，把大写字母 ch 转为小写字母的表达式就是 ch+32。本题中非小写字母仍然写入文件。

【答案】

```c
#include <stdio.h>
#include <stdlib.h>
int main()
{
    FILE *fp;
    char c;
    if((fp=fopen("upper.txt","w"))==NULL)   /* 以写方式打开文本文件 */
    {   printf("Can not create this file.\n");
        exit(0);
    }
    printf("\nInput a string:\n");
    while((c=getchar())!='#')               /* 逐个读入字符 ch*/
    {   if(c>='a' && c<='z')   c=c-32;      /* 将小写字母转换成大写字母 */
        fputc(c,fp);                        /* 将字符写入文本文件中 */
        putchar(c);                         /* 将字符显示在屏幕上 */
    }
    fclose(fp);                             /* 关闭文件 */
    printf("\n\n*** Completed ***\n");
    return 0;
}
```

程序运行时结果除了显示在屏幕上外，还在当前目录下生成了一个名为 upper.txt 的文本文件，打开该文件就能看到写入的内容。

2. 假设学生信息包括学号、姓名、理论成绩、实践成绩、总成绩等字段，输入学生人数，再分别输入每个学生的学号、姓名、理论成绩和实践成绩，计算该生的总成绩（总成

绩 = 理论成绩 + 实践成绩），并将所有的数据保存到一个名为 class.txt 的文本文件中。

【分析】先输入学生人数，然后分别输入每个学生的学号、姓名、理论成绩、实践成绩，算出总成绩后，再使用 fprintf 函数按照格式化的方法将学生记录写入指定文件中。

【答案】

```
#include <stdio.h>
#include <stlib.h>
#include <string.h>
struct studinfo
{
    char no[4];          /* 学号 */
    char name[9];        /* 姓名 */
    int theory;          /* 理论成绩 */
    int practice;        /* 实践成绩 */
    int total;           /* 总成绩 */
};
int main()
{
    FILE *fp;
    struct studinfo s;
    int n,i;
    if((fp=fopen("class.txt","w"))==NULL)
    {   printf("Can not open the file.\n");
        exit(0);
    }
    printf(" 输入学生人数 :");
    scanf("%d",&n);
    printf(" 只需输入每个学生的学号、姓名、理论成绩和实践成绩 \n");
    for(i=1;i<=n;i++)
    {   printf(" 输入第 %d 个学生记录 :",i);
        scanf("%s%s%d%d",s.no,s.name,&s.theory,&s.practice);
        s.total=s.theory+s.practice;     /* 计算总成绩 */
        /* 按指定格式将数据写入文件 */
        fprintf(fp,"%4s%10s%4d%4d%4d\n",s.no,s.name,s.theory,
s.practice,s.total);
    }
    fclose(fp);
    printf(" 全部学生信息已写入 class.txt 文件中 ");
    return 0;
}
```

运行结果如下：

```
输入学生人数 :5
只需输入每个学生的学号、姓名、理论成绩和实践成绩
输入第 1 个学生记录 :s01 张三 90 87
输入第 2 个学生记录 :s02 李四 82 81
输入第 3 个学生记录 :s03 王五 79 73
输入第 4 个学生记录 :s04 赵六 91 90
输入第 5 个学生记录 :s05 田七 84 86
全部学生信息已写入 class.txt 文件中
```

程序运行结束后,打开程序当前目录下的 class.txt 的文件,查看写入的内容。

3. 把编程题 2 创建的文本文件 class.txt 的全部内容显示在屏幕上,要求显示格式为"学号 姓名 总成绩",并输出全班总成绩的平均值。

【分析】在不清楚 class.txt 文件中具体学生人数的情况下,采用了循环读取文件记录并显示的方法,在循环中统计学生人数,以及求总成绩的总分。循环结束后可求出总成绩平均分。

【答案】

```
#include <stdio.h>
#include <stdlib.h>
struct studinfo            /* 结构类型 studinfo 用来描述学生基本情况 */
{
    char no[4];            /* 学号 */
    char name[9];          /* 姓名 */
    int theory;            /* 理论成绩 */
    int practice;          /* 实践成绩 */
    int total;             /* 总成绩 */
};
int main()
{
    FILE *fp;
    struct studinfo a;
    int sum=0;
    int i=0;               /* 统计文件中的学生记录数 */
    if((fp=fopen("class.txt","r"))==NULL)
    {
        printf("Can not open class.txt\n");
        exit(0);
    }
    printf("%5s%8s%10s\n","学号","姓名","总成绩");
    printf("--------------------------\n");
    /* 逐条读取文件记录,并按格式显示其内容 */
    while(fscanf(fp,"%s%s%d%d%d",a.no,a.name,&a.theory,
&a.practice,&a.total)!=EOF)
    {   printf("%5s%8s%10d\n",a.no,a.name,a.total);
        sum+=a.total;
        i++;               /* 统计人数 */
    }
    printf("--------------------------\n");
    printf(" 平均总成绩是 %-6.1f\n",(float)sum/i);
    fclose(fp);
    return 0;
}
```

运行结果如下:

```
  学号    姓名    总成绩
--------------------------
  s01     张三     177
  s02     李四     163
  s03     王五     152
```

```
    s04      赵六          181
    s05      田七          170
    ──────────────────────────
平均总成绩是 168.6
```

4. 对编程题 2 创建的文本文件 class.txt 进行排序，实现分别按"学号"和"总成绩"字段排序的功能，排序的结果写入 sorted.txt 文件。输入"x 0"，表示按学号升序，"x 1"，表示按学号降序；输入"z 0"，表示按总成绩升序，"z 1"，表示按总成绩降序。程序要求用多函数设计，例如显示文件内容的函数、实现排序的函数、写入文件内容的函数等，具体函数的数量和功能可自行拟定。

【分析】程序基本流程为：输出 class.txt 的内容；将 class.txt 的内容存入学生记录数组 t 中；输入排序要求，对数组 t 排序；将排序后的数组 t 中记录写入 sorted.txt 文件中；输出 sorted.txt 的内容。根据上述分析，可分解出相关函数如下。

【答案】

```c
#include <stdio.h>
#include <stdlib.h>
#include <string.h>
#define N 100        /*假设数据文件中学生人数≤100*/
struct studinfo
{
    char no[4];            /*学号*/
    char name[9];          /*姓名*/
    int theory;            /*理论成绩*/
    int practice;          /*实践成绩*/
    int total;             /*总成绩*/
};
/* 显示文件 file 中的学生记录 */
void print_stud(char *file)
{
    FILE *fp;
    struct studinfo s;
    if((fp=fopen(file,"r"))==NULL)    /* 以只读的文本方式打开文件 */
    {   printf("Can not open %s\n",file);
        exit(0);
    }
    printf(" 学号 姓名    理论成绩 实践成绩 总成绩 \n");
    while(fscanf(fp,"%s%s%d%d%d",s.no,s.name,&s.theory,&s.practice,&s.total)!=EOF)
        {printf("%-5s%-7s%-9d%-9d%-5d\n",s.no,s.name,s.theory,s.practice,s.total); }
    putchar('\n');
    fclose(fp);
}
/* 将数组 t 中的 n 个学生记录写入到文件 file 中 */
void write_stud(char *file,struct studinfo t[],int n)
{
    FILE *fp;
    int i;
    if((fp=fopen(file,"w"))==NULL)    /* 以只写的文本方式打开文件 */
```

```
        {   printf("Can not open %s\n",file);
            exit(0);
        }
        for(i=0;i<n;i++)
        {   /* 将当前数组元素中的学生记录按指定格式写入到文件中 */
            fprintf(fp,"%4s%10s%4d%4d%4d\n",t[i].no,t[i].name,t[i].theory,
t[i].practice,t[i].total);
        }
        fclose(fp);
}
/* 将文件 file 中的学生记录逐个存入到数组 t 中,并将统计的学生记录数存入 n 所指变量中 */
void init_stud(char *file,struct studinfo t[],int *n)
{
    FILE *fp;
    struct studinfo s;
    int number=0;
    if((fp=fopen(file,"r"))==NULL)    /* 以只读的文本方式打开文件 */
    {   printf("Can not open %s\n",file);
        exit(0);
    }
    while(fscanf(fp,"%s%s%d%d%d",s.no,s.name,&s.theory,&s.practice,&s.
total)!=EOF)
        {   t[number]=s;
            number++;
        }
    *n=number;
    fclose(fp);
}
/* 将数组 t 的两个元素交换 */
void swap_stud(struct studinfo *stu1,struct studinfo *stu2)
{
    struct studinfo temp;
    temp=*stu1;*stu1=*stu2;*stu2=temp;
}

/* 对存有 n 个学生记录的数组 t,进行排序 */
/*who 为 'x' 按学号排序,为 'z' 按总成绩排序 */
/*a_d 为 0 按 who 升序排列,为 1 按 who 降序排列 */
void sort_stud(struct studinfo t[],int n,char who,int a_d)
{
    int i,j;
    struct studinfo temp;
    /* 用选择排序法对学生记录数组排序 */
    if (who=='x')    /* 按学号排序 */
        for(i=0;i<n-1;i++)
        {   for(j=i+1;j<n;j++)
            {   if(a_d==0)    /* 按学号升序 */
                {   if(strcmp(t[i].no,t[j].no)>0)
                        swap_stud(&t[i],&t[j]);
                }
                else          /* 按学号降序 */
```

```c
                { if(strcmp(t[i].no,t[j].no)<0)
                        swap_stud(&t[i],&t[j]);
                }
            }
        }
    else      /* 按总成绩排序 */
        for(i=0;i<n-1;i++)
        {   for(j=i+1;j<n;j++)
            {   if(a_d==0)   /* 按学号升序 */
                {   if(t[i].total>t[j].total)
                        swap_stud(&t[i],&t[j]);
                }
                else         /* 按学号降序 */
                {   if(t[i].total<t[j].total)
                        swap_stud(&t[i],&t[j]);
                }
            }
        }
}

int main()
{
    struct studinfo t[N];      /*t 数组存放从文件中读出的学生记录 */
    int n;              /* 存放实际学生人数 */
    char who;
    int a_d;
    printf("            排序前学生信息 \n");
    /* 输出指定文件内容 */
    print_stud("class.txt");
    /* 将指定文件中的记录读入数组 t 中，并统计记录个数 n*/
    init_stud("class.txt",t,&n);
    printf("选择排序字段 ('x'：学号 ,'z'：总成绩 ): ");
    scanf("%c",&who);
    printf(" 输入排序方式 (0：升序 ,1：降序 ): ");
    scanf("%d",&a_d);
    /* 将数组 t 中的 n 个记录按指定的字段进行升 / 降序 */
    sort_stud(t,n,who,a_d);
    /* 将已排序数组 t 中的记录写入指定文件中 */
    write_stud("sorted.txt",t,n);
    printf("            排序后学生信息 \n");
    /* 输出指定文件内容 */
    print_stud("sorted.txt");
    return 0;
}
```

运行结果如下：

排序前学生信息

学号	姓名	理论成绩	实践成绩	总成绩
s01	张三	90	87	177
s02	李四	82	81	163
s03	王五	79	73	152

```
س04    赵六    91         90         181
s05    田七    84         86         170

选择排序字段('x':学号,'z':总成绩):z↙
输入排序方式(0:升序,1:降序):1↙
            排序后学生信息
学号    姓名   理论成绩   实践成绩   总成绩
s04    赵六    91         90         181
s01    张三    90         87         177
s05    田七    84         86         170
s02    李四    82         81         163
s03    王五    79         73         152
```

5. 假设职工的完整信息包括工号、姓名、性别、年龄、住址、工资、健康状况和文化程度,已知表 7-1 所示的 4 位职工的完整信息。要求设计一个程序,把这些数据全部保存到一个名为 employee.txt 的文本文件中。

表 7-1 编程题 5 中的职工信息

工号	姓名	性别	年龄(岁)	住址	工资(元)	健康状况	文化程度
301	Zhao	M	30	Beijing	8 000	Good	Master
302	Qian	M	24	Shanghai	9 500	Pass	Bachelor
303	Sun	F	27	Tianjin	7 800	Good	Master
304	Li	M	22	Chongqing	6 500	Good	Bachelor

【分析】本题考查的是文本文件的写操作与读操作,其中创建过程是写文件,而显示文件内容是读文件。在具体操作时,为了控制输入职工数据的灵活性,对工号的输入进行了特别处理,即如果输入的工号是"000",则输入过程结束,否则认可输入的数据都是有效的,这样就实现了有效职工数据的反复输入。数据的输入过程实际上也就是写文件的过程,在程序结束之前会把刚创建好了的文件 employee.txt 的内容按表格方式显示在屏幕上。

如果刚开始运行程序时就直接输入工号"000",则提示创建文件失败,同时结束程序。

【答案】

```c
#include <stdio.h>
#include <stdlib.h>
#include <string.h>
struct employee
{
    char no[4];                         /*编号*/
    char name[9];                       /*姓名*/
    char sex;                           /*性别*/
    int age;                            /*年龄*/
    char address[20];                   /*住址*/
    int salary;                         /*工资*/
    char health[8];                     /*健康状况*/
    char degree[10];                    /*文化程度*/
};
int main()
{
    FILE *fp;
```

```c
    struct employee s;
    int i=1;
    if((fp=fopen("employee.txt","w"))==NULL)/* 以写方式打开文本文件 */
    {
        printf("Can not create file employee.txt\n");
        exit(0);
    }
    /* 根据屏幕提示输入每人的基本情况（共8个数据项）*/
    printf("----------------------------------------------\n");
    printf("Input number, if number is equal to 000 then quit\n");
    scanf("%s",s.no);    /* 输入工号时若输入"000"，则结束数据输入 */
    while(strcmp(s.no,"000"))
    {
        printf("Details of No.%s is following...\n",s.no);
        printf("  name is ");
        scanf("%s",s.name);
        getchar();                              /* 跳过换行符不读 */
        printf("  sex is ");
        scanf("%c",&s.sex);
        printf("  age is ");
        scanf("%d",&s.age);
        printf("  address is ");
        scanf("%s",s.address);
        printf("  salary is ");
        scanf("%d",&s.salary);
        printf("  health is ");
        scanf("%s",s.health);
        printf("  degree is ");
        scanf("%s",s.degree);
        /* 将每人的基本情况写入文本文件 */
        if(fwrite(&s,sizeof(struct employee),1,fp)!=1)
        {   printf("file write error.\n");/* 如果出现写文件异常的情况 */
            fclose(fp);
            exit(0);
        }
        printf("\n");
        i++;
        printf("----------------------------------------------\n");
        printf("Input number, if number is equal to 000 then quit\n");
        scanf("%s",s.no);
    }
    printf("----------------------------------------------\n");
    printf("Input finished.\n");
    fclose(fp);
    if(i==1)     /* 判断是否输入了有效数据 */
    {   printf("No available data is inputed, ");
        printf("press any key to exit ...\n");
        exit(0);
    }
    if((fp=fopen("employee.txt","r"))==NULL)/* 以读方式打开文本文件 */
    {   printf("Can not create file <employee.txt>\n");
```

```
        exit(0);
    }
    /* 读取并显示刚创建的文本文件的内容 */
    printf("The destination file employee.txt is\n");
    for(i=1;i<=73;i++)  printf("-");            /* 画一条水平线 */
    printf("\n");
    /* 屏幕显示格式：编号、姓名、性别、年龄、住址、工资、健康状况、文化程度 */
    printf("%4s%10s%4s%4s%21s","No.","name","sex","age","address");
    printf("%8s%8s%12s\n","salary","health","degree");
    for(i=1;i<=73;i++)  printf("-");
    printf("\n");
    /* 逐条读取文本文件中的记录 */
    fread(&s,sizeof(struct employee),1,fp);
    while(!feof(fp))
    {   /* 按照指定格式显示保存在文件中的数据 */
        printf("%4s%10s%3c%5d%21s",s.no,s.name,s.sex,s.age,s.address);
        printf("%8d%8s%12s\n",s.salary,s.health,s.degree);
        fread(&s,sizeof(struct employee),1,fp);
    }
    for(i=1;i<=73;i++)printf("-");
    printf("\n");
    printf("Completed\n");
    fclose(fp);
    return 0;
}
```

当程序运行时，根据屏幕提示把表 7-1 中的四条模拟数据逐条输入，操作如下：

```
-------------------------------------------------
Input number, if number is equal to 000 then quit {输入工号，000 则退出}
301✓              {输入工号 301}
-------------------------------------------------
Details of No.301 is following...
   name is Zhao✓        {输入工号为"301"赵姓职工的详情}
   sex is M✓
   age is 30✓
   address is Beijing✓
   salary is 3000✓
   health is Good✓
   degree is Master✓

-------------------------------------------------
Input number, if number is equal to 000 then quit
302✓              {输入工号 302}
-------------------------------------------------
Details of No.302 is following...
   name is Qian✓        {输入工号为"302"钱姓职工的详情}
   sex is M✓
   age is 24✓
   address is Shanghai✓
   salary is 2500✓
   health is Pass✓
```

```
    degree is Bachelor↙

--------------------------------------------------
Input number, if number is equal to 000 then quit
303↙             {输入工号 303}
--------------------------------------------------
Details of No.303 is following...
    name is Sun↙            {输入工号为"303"孙姓职工的详情}
    sex is F↙
    age is 27↙
    address is Tianjin↙
    salary is 2800↙
    health is Good↙
    degree is Master↙

--------------------------------------------------
Input number, if number is equal to 000 then quit
304↙             {输入工号 304}
--------------------------------------------------
Details of No.304 is following...
    name is Li↙             {输入工号为"304"李姓职工的详情}
    sex is M↙
    age is 22↙
    address is Chongqing↙
    salary is 1500↙
    health is Good↙
    degree is Bachelor↙

--------------------------------------------------
Input number, if number is equal to 000 then quit
000↙             {工号字段输入 000 则退出输入}
--------------------------------------------------
Input finished.
The destination file employee.txt is    {显示创建好了的文件内容}
--------------------------------------------------------------------------------
 No.    name  sex age         address  salary  health    degree
--------------------------------------------------------------------------------
 301    Zhao   M   30         Beijing    3000    Good    Master
 302    Qian   M   24        Shanghai    2500    Pass    Bachelor
 303    Sun    F   27         Tianjin    2800    Good    Master
 304    Li     M   22        Chongqing   1500    Good    Bachelor
--------------------------------------------------------------------------------
Completed
Press any key to continue
```

在程序运行开始时就直接输入工号"000"，程序将结束运行，屏幕显示如下：

```
--------------------------------------------------
Input number, if number is equal to 000 then quit
000↙             {提示输入学号,如果输入 000 则退出输入}
--------------------------------------------------
Input finished.
```

```
No available data is inputed, press any key to exit ...{提示没有输入有效数据}
```

6. 设计一个程序，从编程题 5 中创建的 employee.txt 中读取数据，把其中的工号、姓名和工资这三项内容单独抽取出来，形成一个名为 salary.txt 的新文本文件。

【分析】本题需要解决的是如何从一个已知的源文件派生出另一个未知的新文件。已知源文件为 employee.txt，派生新文件为 salary.txt，实际上就是原有的 8 个字段中抽取出 3 个字段（即工号、姓名和工资），单独形成一个文本文件。在设计程序时，首先分别打开这两个文件，源文件以读方式打开，而派生文件以写方式打开，在从源文件中逐条读取数据的循环中，把有关的 3 个数据项写入派生文件即可。

【答案】

```c
#include <stdio.h>
#include <stdlib.h>
struct employee
{
    char no[4];              /* 编号 */
    char name[9];            /* 姓名 */
    char sex;                /* 性别 */
    int age;                 /* 年龄 */
    char address[20];        /* 住址 */
    int salary;              /* 工资 */
    char health[8];          /* 健康状况 */
    char degree[10];         /* 文化程度 */
};
int main()
{
    FILE *fpin,*fpout;
    struct employee s;
    int i;
    if((fpin=fopen("employee.txt","r"))==NULL) /* 以读方式打开原始文件 */
    {   printf("Can not open file <employee.txt>\n");
        exit(0);
    }
    if((fpout=fopen("salary.txt","w"))==NULL)  /* 以写方式打开结果文件 */
    {   printf("Can not create file <salary.txt>\n");
        exit(0);
    }
    /* 从打开的 employee.txt 中逐条读取数据，并按格式显示职工的编号、姓名、性别、年龄、住址、工资、健康状况和文化程度等信息 */
    printf("The original file employee.txt is\n");
    for(i=1;i<=73;i++)   printf("-");           /* 画一条水平线 */
    printf("\n");
    /* 屏幕显示格式：编号、姓名、性别、年龄、住址、工资、健康状况、文化程度 */
    printf("%4s%10s%4s%4s%21s","No.","name","sex","age","address");
    printf("%8s%8s%12s\n","salary","health","degree");
    for(i=1;i<=73;i++)   printf("-");
    printf("\n");
    /* 逐条读取源文件中的记录 */
    fread(&s,sizeof(struct employee),1,fpin);
    while(!feof(fpin))
```

```c
        {   /* 按照指定格式显示保存在文件中的数据 */
            printf("%4s%10s%3c%5d%21s",s.no,s.name,s.sex,s.age,s.address);
            printf("%8d%8s%12s\n",s.salary,s.health,s.degree);
            /* 将每条记录中被筛选出的3个数据项写入派生文件 */
            fprintf(fpout,"%4s%10s%5d\n",s.no,s.name,s.salary);
            fread(&s,sizeof(struct employee),1,fpin); /* 读下一条数据 */
        }
        for(i=1;i<=73;i++)   printf("-");
        printf("\n");
        fclose(fpin);                                 /* 关闭源文件及派生文件 */
        fclose(fpout);
        /* 打开刚创建的派生文件salary.txt*/
        if((fpin=fopen("salary.txt","r"))==NULL)      /* 打开派生文件 */
        {   printf("Can not open file <salary.txt>\n");
            exit(0);
        }
        printf("\nNew file salary.txt is\n");
        printf("------------------------\n");
        /* 派生文件的显示格式为：编号、姓名、工资 */
        printf("%4s%10s%8s\n","No.","name","salary");
        printf("------------------------\n");
        /* 逐条读取并显示派生文件的内容 */
        while(fscanf(fpin,"%4s%10s%5d\n",s.no,s.name,&s.salary)!=EOF)
            printf("%4s%10s%8d\n",s.no,s.name,s.salary);
        printf("------------------------\n");
        printf("Completed\n");
        fclose(fpin);
        return 0;
}
```

运行结果如下：

```
The original file employee.txt is       {显示初始文件的内容}
---------------------------------------------------------------------------
No.        name  sex age           address  salary  health      degree
---------------------------------------------------------------------------
301        Zhao   M   30           Beijing    3000    Good      Master
302        Qian   M   24          Shanghai    2500    Pass    Bachelor
303         Sun   F   27           Tianjin    2800    Good      Master
304          Li   M   22         Chongqing    1500    Good    Bachelor
---------------------------------------------------------------------------

New file salary.txt is  {显示派生新文件的内容，只包含工号、姓名、工资字段}
------------------------
No.       name  salary
------------------------
301       Zhao    3000
302       Qian    2500
303        Sun    2800
304         Li    1500
------------------------
Completed
```

7.4 典型例题选讲

一、填空题选讲

1. 以下程序用来统计文本文件 file.txt 中字符的个数，请将程序补充完整。

```c
#include <stdio.h>
#include <stdlib.h>
int main()
{
    FILE *fp;
    int count=0;
    if((fp=fopen("file.txt","r"))==NULL)
    {   printf("Can not open the file.\n");
        exit(0);
    }
    while(fgetc(fp)!=EOF)
        _____;
    fclose(fp);
    printf("num=%d\n",count);
    return 0;
}
```

【分析】由最后一行代码可知变量 count 用来存放字符个数，充当计数器的角色，而具体的计算字符个数的语句就应该出现在 while 循环中，据此推断空缺的语句肯定和计数器自增有关，应该是 count++，或者 ++count、count=count+1 这类的等价语句。

【答案】count++（或 ++count 或 count=count+1）

2. 下面的程序将磁盘中的一个文件复制到另一个文件中，两个文件名在命令行中给出（假设文件名无误），请将程序补充完整。

```c
#include <stdio.h>
#include <stdlib.h>
int main(int argc,char *argv[])
{
    FILE *fp1,*fp2;
    if(argc<___①___)
    {   printf("argument error.\n");
        exit(0);
    }
    fp1=fopen(argv[1],"r");
    fp2=fopen(argv[2],"w");
    while(___②___)   fputc(fgetc(fp1),fp2);
    fclose(fp2);
    fclose(fp1);
    return 0;
}
```

【分析】本题特点是通过 main() 函数自带的参数来传递命令行中的文件名。main() 函数的完整定义格式为：

```c
int main(int argc, char *argv[])
{...}
```

格式中的形参 argc 表示命令行中参数的个数，由于在一个命令行中可执行文件的文件名本身也是一个参数，因此形参 argc 的值至少为 1；形参 argv 从定义形式上来看是一个指向字符串的指针数组，实际储存了可执行文件的文件名及命令行中的各个参数，这些值都是字符串。

带命令行参数的程序的执行方式主要有两种。

第一种：在命令提示符窗口中通过命令行参数来执行，格式如下：

程序文件名　参数1　参数2　参数3　……↙

各参数之间用空格分隔，并且参数都不能写成带双引号的形式。

第二种：在 VC++ 下编辑带命令行参数的源程序时，选择"Project"菜单下"Setting"命令中的"Debug"选项卡，在"Program Arguments"选项框中输入各个命令行参数，参数彼此之间用空格分隔，最后执行"Build"菜单下的"Execute"命令，或者按【Ctrl+F5】组合键运行。

现在返回到程序填空问题的求解。根据已知条件，fp1 指向源文件，fp2 指向目标文件，除了可执行的文件名外，命令行中还应该包括源文件名及目标文件名这两个参数，故形参 argc 的值至少为 3，故第①空填 3；while 循环完成的是把从源文件 fp1 中读出的一个字符，写入到目标文件 fp2 中。C 语言中用于判断文件读取是否结束的常用函数是 feof()，返回值为 1 表示文件读取结束，返回值为 0 则表示文件读取尚未结束，故第②空的值应该是 !feof(fp1)，或者是与之等价的形式 feof(fp1)==0。

【答案】3 !feof(fp1) 或者 feof(fp1)==0

3. 已知三个不同的文本文件 file1、file2 和 file3，它们各自的内容如下：

文件名　　　　　　　　文件内容
file1　　　　　　　　　AAA#
file2　　　　　　　　　BBB#
file3　　　　　　　　　CCC#

假设下面这段源程序对应的文件名为 myprog.C，经编译和连接后生成的可执行文件名为 myprog.exe。当在命令行方式下执行下述命令时，

myprog　file1　file2　file3↙

屏幕显示的结果是_____。

```
#include <stdio.h>
#include <stdlib.h>
void f(FILE *fp0)
{
    char c;
    while((c=getc(fp0))!='#')   putchar(c+32);
}
int main(int argc,char *argv[])
{
    FILE *fp;   int i=1;
    while(--argc>0)
    {   fp=fopen(argv[i++],"r");
        f(fp);
        fclose(fp);
```

```
        }
        return 0;
}
```

【分析】本题是 main() 函数命令行参数的又一应用。依题意，形参 argc 的值为 4，形参 argv 数组的 4 个元素依次为 "myprog"、"file1"、"file2" 和 "file3"。main() 函数中所执行的 3 次循环依次为：以读方式打开文件 fp、以 fp 作为实参调用自定义函数 f()、关闭文件函数 fp()。考虑到三个已知数据文件的内容均为大写字母，并皆以字符 '#' 结束，函数 f() 实际上是把各个大写字母均转换成对应的小写字母，然后显示在屏幕上。

【答案】aaabbbccc

二、单项选择题选讲

1. 下面各选项中能正确实现文件打开操作的是（   ）。
   A．fp=fopen(c:mydir\info.dat, "r")   B．fp=fopen(c:\mydir\info.dat, "r")
   C．fp=fopen("c:\mydir\info.dat", "r")   D．fp=fopen("c:\\mydir\\info.dat", "r")

【分析】文件打开函数 fopen() 的调用格式为：fp=fopen(filename,mode)，其中 filename 表示要打开的文件名，通常是一个字符串，或者字符指针及字符数组，mode 表示文件的读/写方式。对于 filename 而言，字符串是双引号来定界，若字符串中的文件名采用了带路径的表示形式，则代表路径的反斜杠"\"必须用转义字符"\\"表示。选项 A 和选项 B 显然都错了，选项 C 虽然使用了字符串，但由于没有使用转义字符，因此也错了，最后的正确答案是 D，被打开的文件是 C 驱动器下 mydir 文件夹下一个名为 info.dat 的文件。

【答案】D

2. 在 C 语言中，把文件缓冲区中的数据写入文件的过程称为（   ）。
   A．输入   B．输出   C．修改   D．删除

【分析】C 语言的文件是流式文件，它是由一个个的字符（或字节）组成的。在对文件的操作过程中，系统为每个正在使用的文件在内存中开辟了文件缓冲区，数据与文件之间的交换是借助文件缓冲区来进行的。一般来说，把缓冲区中的数据写到文件中去的过程称为输出，从一个打开的文件中读取数据的过程称为输入，故选项 B 正确。

【答案】B

3. 当顺利地执行了文件的关闭命令之后，函数 fclose() 的返回值是（   ）。
   A．-1   B．1   C．0   D．非零

【分析】函数 fclose 的功能是关闭 fp 所指的文件，同时释放所使用的文件缓冲区。若文件正常关闭，函数返回值为 0，当关闭发生错误时，返回值为 EOF（其值为 -1），此时可用 ferror() 函数来测试。故选项 C 正确。

【答案】C

4. 阅读以下程序：
```
#include <stdio.h>
#include <stdlib.h>
int main()
{
    FILE *fp;
    int i,k=4,n=5;
    fp=fopen("d1.dat","w");
```

```
        for(i=1;i<4;i++)fprintf(fp,"%d",i);
        fclose(fp);
        fp=fopen("d1.dat","r");
        fscanf(fp,"%d%d",&k,&n);
        printf("%d %d\n",k,n);
        fclose(fp);
        return 0;
    }
```

问程序执行后的输出结果是（　　）。

A. 1　2　　　　B. 123　5　　　　C. 1　23　　　　D. 4　5

【分析】在写文件时，格式化写函数 fprintf() 中使用的是"%d"，并没有使用其他的分隔符，故顺序写入的 1、2 和 3 在文件中的存储形式为 123。当读方式时，读出两个整数分别存入变量 k 和 n 中。由于系统认为 123 为一个完整的整数（即没有把它看成是三个整数），很自然地将 123 赋值给了变量 k，由于变量 n 的值在文件中不存在，因此就没有读入，故变量 n 的值仍然是原来的值，选项 B 正确。

【答案】B

三、编程题选讲

已知两个文本文件，一个是住址文件 address.txt，它保存了一些同学的姓名和地址；另一个是电话文件 phone.txt，它保存了排列顺序不同的上述人的姓名与电话号码。这两个文件的内容如下所示：

```
type address.txt ↙        {显示地址文件}
ZhaoOne             Beijing
QianTwo             Shanghai
SunThree            Tianjin
LiFour              Chongqing
type phone.txt ↙          {显示电话文件}
LiFour              88101293
SunThree            87202350
ZhaoOne             85238546
QianTwo             84730172
```

现在要求设计一个程序，希望通过对比上述两个文件的内容，将同一个人的姓名、地址和电话号码抽取出来，形成一个完整的信息，最后保存到一个新的通信录文件 message.txt 中。假设在这三个文件中，姓名、家庭住址、电话号码这三个数据项的长度都不超过 15 个字符。

```
    #include<stdio.h>
    #include<stdlib.h>
    #include<string.h>
    main()
    {
        FILE *addfp, *phofp, *mesfp;
        /*addfp 为 address.txt 的文件指针；phofp 为 phone.txt 的文件指针；mesfp 为
message.txt 的文件指针 */
        char temp[15],namearr[15],addrarr[15],phonarr[15];
        if((addfp=fopen("address.txt","r"))==NULL)     /* 打开住址文件 */
```

```
        {    printf("Can not open address.txt");
             exit(0);
        }
        if((phofp=fopen("phone.txt","r"))==NULL)        /*打开电话文件*/
        {    printf("Can not open phone.txt");
             exit(0);
        }
        if((mesfp=fopen("message.txt","w"))==NULL)      /*打开通讯录文件*/
        {    printf("Can not create message.txt");
             exit(0);
        }
        while(strlen(fgets(namearr,15,addfp))>1)        /*从住址文件中读姓名*/
        {    fgets(addrarr,15,addfp);                   /*从住址文件中读住址*/
             fputs(namearr,mesfp);                      /*将姓名写入通讯录文件*/
             fputs(addrarr,mesfp);                      /*将住址写入通讯录文件*/
             strcpy(temp,namearr);                      /*将住址文件中的姓名暂存*/
        /*根据刚从住址文件中得到的姓名(暂存在变量temp中),在电话文件中进行查找,
找到这个人的电话号码,这样才形成了一个完整的信息*/
             do
             {    fgets(namearr,15,phofp);              /*从电话文件中读姓名*/
                  fgets(phonarr,15,phofp);              /*从电话文件中读电话号码*/
             }while(strcmp(temp,namearr)!=0);           /*比较是否就是这个人*/
             fputs(phonarr,mesfp);            /*将与姓名一致的电话号码写入通讯录文件*/
             rewind(phofp);                             /*调整电话文件的位置指针到文件首*/
        }
        fclose(addfp);   fclose(phofp);   fclose(mesfp);
        printf("\nCompleted\n");
        return 0;
}
```

本题能够运行的前提条件是住址文件 address.txt 和电话文件 phone.txt 都必须存在。如果不存在,可以使用 Turbo C 中自带的编辑器来手工构造这两个数据文件。在编辑 address.txt 和 phone.txt 这两个文本文件时,数据的存储格式不能有错,根据题意,左边的姓名栏一定要占 15 个字符的指定宽度,右边的家庭住址和电话号码则按照实际内容设置宽度,同时这两个文本文件的第 5 行是一个以回车结束的空行。当数据文件编辑结束、保存文件时输入的扩展名应该是 .txt 而不是 .c。

住址文件和电话文件中存储的是同一批人的资料,故两个文件的数据行数一样,只是出现的顺序不同。本例中以住址文件为基准,在电话义件中顺序查找相同姓名的数据,如果查找成功,则合并数据并存入通讯录文件。如何判断读取的文件是否结束呢?实际编辑时采用了如下的判定方法:

```
while(strlen(fgets(namearr,15,addfp))>1)   { … }
```

通过函数 fgets() 从住址文件 addfp 中读取一个姓名,它是一个字符串,其长度大于 1,则表示读到的是一个有意义的数据,否则表示读文件结束,因此在手工编辑已知的住址文件与电话文件时,要求在文件的末尾一定要有一个回车符,并且单独占一行。

打开生成的通信录文件 message.txt,内容如下:

```
ZhaoOne         Beijing
 85238546
```

```
QianTwo         Shanghai
 84730172
SunThree        Tianjin
 87202350
LiFour          Chongqing
 88101293
```

结果显示通信录文件 message.txt 的排列顺序与住址文件 address.txt 的排列顺序一致，不过每个人的姓名与住址、电话号码被分成了两行显示，如果要求把这三个数据项安排在同一行中显示，该怎样修改程序？

第 8 章 Visual C++ 2010 上机指导

Visual C++ 2010 是微软公司的 C/C++ 开发工具，可提供编辑 C 语言，C++ 等编程语言的集成开发环境。它以拥有"语法高亮"，IntelliSense（自动完成功能）以及高级除错功能而著称。比如，它允许用户进行远程调试、单步执行等，还允许用户在调试期间重新编译被修改的代码，而不必重新启动正在调试的程序。其编译及建置系统以预编译头文件、最小重建功能及累加连接著称。这些特征明显缩短程序编辑、编译及连接花费的时间，在大型软件计划上尤其显著。

Visual C++ 2010 作为近年来全国计算机等级考试二级 C 语言及 C++ 考试指定的集成开发环境，在监考中发现很多考生不会使用，本章将简单介绍 Visual C++ 2010 的上机过程。

8.1 Visual C++ 2010 的 IDE 操作界面

启动 Visual C++ 2010 的操作方法有如下两种：

（1）若桌面上有快捷方式，从桌面上找到并双击 Visual C++ 2010 的快捷方式。

（2）或依次单击"开始"→"所有程序"→"Microsoft Visual Studio 2010 Express"→"Microsoft Visual C++ 2010 Express"。

上述两种方法均可启动 Microsoft Visual C++ 2010 学习版，请根据当前计算机的实际情况进行选择。Microsoft Visual C++ 2010 学习版启动后界面如图 8-1 所示。

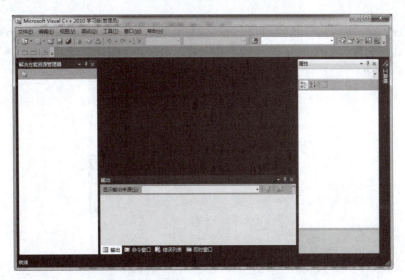

图8-1 Microsoft Visual C++ 2010 学习版界面

8.2　一个简单的 C 程序上机的一般过程

先看下面的例子，在屏幕上显示"Hello,world!"，程序如下：

```
#include <stdio.h>
int main()
{
    printf("Hello,world!\n");
    return 0;
}
```

其上机过程如下：

（1）若 Visual C++ 2010 没有启动，则先启动 Visual C++ 2010。

（2）按组合键【Ctrl+Shift+N】，或单击"标准工具栏"中的"🗋"，或依次单击"文件"→"新建"→"项目"，弹出"新建项目"对话框，如图 8-2 所示。

图8-2　"新建项目"对话框

（3）在图 8-2 所示的"新建项目"对话框中依次单击"Win32"→"Win32 控制台应用程序"，在"名称"框中输入项目名称"hello"，最后单击"确定"按钮，弹出"Win32 应用程序向导 -hello"对话框，如图 8-3 所示。

图8-3　"Win32应用程序向导-hello"对话框

（4）单击"下一步"按钮，弹出图8-4所示的对话框，在"附加选项"中选中"空项目"复选框，单击"完成"按钮。项目创建完成，进入 Visual C++ 2010 的项目编辑界面，如图 8-5 所示。

图8-4 "Win32应用程序向导-hello"对话框2

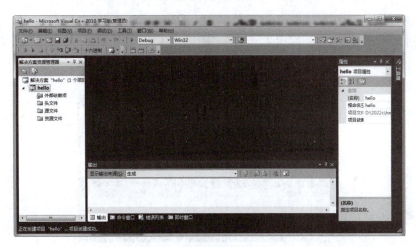

图8-5 项目编辑界面

（5）在图 8-5 所示的项目编辑界面中，按图 8-6 所示进行操作，即右击"源文件"，在弹出的快捷菜单中，单击"添加"→"新建项"，弹出"添加新项-hello"对话框，如图 8-7 所示。

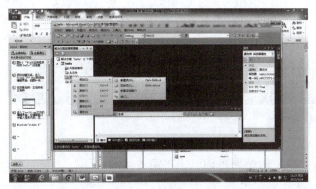

图8-6 添加新建项

图8-7 "添加新项-hello"对话框

（6）单击"C++ 文件"，在"名称"框中输入文件名和扩展名。这里扩展名一定要输入".c"，例如名称框中输入"world.c"，单击"添加"按钮。

（7）进入 world.c 文件的编辑界面，在编辑窗口中输入程序代码，如图 8-8 所示。

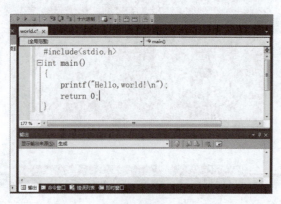

图8-8　world.c编辑窗口（局部）

（8）当编辑完成后，按组合键【Ctrl+F7】进行编译，若有错误，可以单击图 8-8 所示界面上的"错误列表"，查看错误信息。根据错误信息，修改程序，再按组合键【Ctrl+F7】进行编译，直到没有错误。按组合键【Ctrl+F5】或单击"调试"工具栏上的"▶"按钮开始执行，运行结果如图 8-9 所示。结果看完后可按任一键退出结果窗口。

图8-9　运行结果图

（9）程序运行完后，若结果正确，不再需要修改和运行，则要进行关闭，方法是：依次单击"文件"→"关闭解决方案"。

（10）如果要新建另一个程序，重复按第（2）～（9）步进行操作即可。

（11）要编辑修改、编译、运行一个已存盘的 C 程序文件，可以直接打开。依次单击"文件"→"打开"→"项目/解决方案(P)…"，弹出"打开项目"对话框，如图 8-10 所示。找到要打开的项目文件（项目文件的扩展名为 .sln），单击选中，再单击"打开"按钮，则打开了该项目文件，然后按第（7）～（9）步进行操作即可。

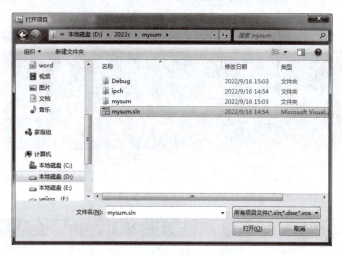

图8-10 "打开项目"对话框

8.3 一个较为复杂的 C 程序上机的一般过程

一个很简单的 C 程序，在编辑、调试、编译、连接、运行等过程中出现的错误，主要是语法错误和工作环境参数设置错误，在编译时编译器会自动报错，并会给出相关错误信息。用户只要根据错误信息的提示，很容易排查错误并纠正。但一个较为复杂的程序把语法错误和工作环境参数设置错误都已排查完了，还是得不到正确的结果。这说明程序中肯定存在逻辑错误，使得结果和所预期的不一致。这种错误排查要使用调试工具。

例如，编程实现由键盘输入 m，求 sum=1+2+3+...+m。现有代码如下：

```
#include <stdio.h>
int func(int x);                            /*函数声明*/
int main()                                  /*主函数*/
{
    int m,sum;                              /*说明部分，定义变量m和c*/
    printf("Please enter an integer number m:");
    scanf("%d",&m);
    sum=func(m);           /*调用函数func()计算累加和，将得到的值赋给c*/
    printf("The sum=%d\n",sum);             /*显示结果*/
    return 0;
}
int func(int x)
{
    int i;                                  /*i 为整型*/
    int sum=0;
    for(i=1; i<=x; i++);
```

```
        sum=sum+i;
    return sum;    /*返回 sum 的值,通过 func()带回调用处*/
}
```

按 8.2 节中的步骤(1)~(8)进行操作,运行结果如图 8-11 所示。

图8-11　求和运行结果图

从图 8-11 可以看出,该程序编译、连接都没有错误,但运行结果是错误的,正确的结果为 The sum=15。那究竟程序错在哪里呢?下面通过调试来进行排错。

1. 调试工具栏的主要按钮

Visual C++ 2010 的调试工具栏如图 8-12 所示。

图8-12　调试工具栏

主要按钮的含义如下:

▷:开始执行(不调试)(【Ctrl+F5】),启动目标文件运行,但不附加调试器。一般会单独出现一个运行结果界面。

▶:启动调试(【F5】),启动调试,启动目标文件并将调试器附加到目标进程中,一般用于通过加断点调试用。

■:停止调试(【Shift+F5】),当启动调试后,提前停止调试程序。

⇨:显示下一语句(【Alt+ 数字键 *】),表示下一条将要执行的语句,直接用鼠标拖动编辑区的该图标,可以改变下一条将要执行的语句。

⤓:逐语句(【F11】),逐语句跟踪执行,单击一次该按钮,执行光标所在一行的语句,并把光标移到下一行。如果该行语句有调用自定义函数,则会跟踪到该函数体内执行。

⤵:逐过程(【F10】),单击一次该按钮,执行光标所在一行的语句,并把光标移到下一行。不会跟踪到自定义函数体内执行。

⤴:跳出(【Shift+F11】),从用户自定义函数体内,跳出到调用该函数处。

▣:断点(【Alt+F9】),打开断点窗口。

2. 单步执行并观察变量的值的变化

（1）把鼠标的光标移到第 8 行的最前面，单击设置断点。若再单击则可取消断点，如图 8-13 所示。

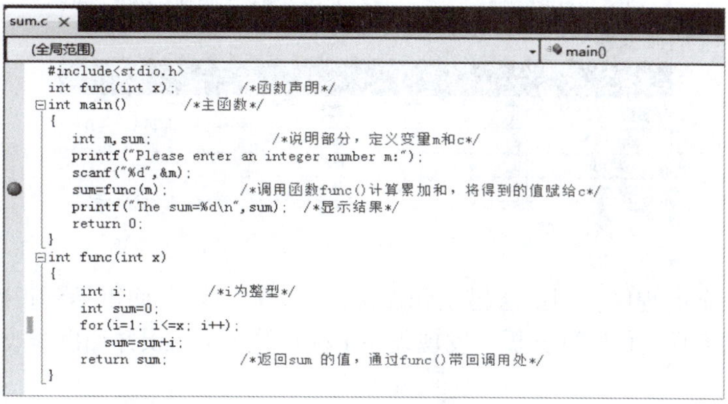

图8-13 设置断点界面（局部）

（2）单击调试工具栏中的"▶"按钮，弹出命令提示符窗口，如图 8-14 所示，输入 5。

图8-14 输入窗口

（3）切换到 Visual C++ 2010 的编辑窗口，在第 8 行前有"➡"图标，表明程序运行到第 8 行的断点处。如图 8-15 所示，观察自动窗口和断点窗口，留意窗口中各变量的值。

图8-15 自动窗口和断点窗口

（4）连续单击调试工具栏中的"▶"按钮，边单击边观察自动窗口中的变量值，发现当循环执行完后，变量 i 的值为 6；而变量 sum 的值还为 0。这说明 for 语句已经执行了 5 次，而赋值语句"sum=sum+i;"一次都没有执行，即语句"sum=sum+i;"不是 for 循环的循环体语句，如图 8-16 所示。

据此可以认为 for 语句可能有错误，仔细检查发现 for 后面有"；"号，说明 for 的循环体是一条空语句，而"sum=sum+i;"不是 for 语句的循环体语句。删除 for 后的"；"号，重新运行，结果正确，错误已排除。

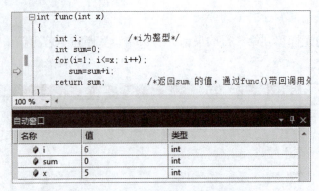

图8-16　执行完循环后的各变量的值

一些稍微复杂的程序，当语法错误和连接错误都已排除，而得不到正确结果时，就可使用上述的调试工具进行调试分析，发现程序中存在的逻辑错误并加以修改。

第9章 模拟试题及答案

模拟试题（一）

第一部分：笔试部分（总分100分）

试题一、语言基础选择题（每小题1分，共25分）。按各小题的要求，从提供的候选答案中选择一个正确的，并把所选答案的字母填入答卷纸的对应栏内。

1. C语言中基本的数据类型包括（　　）。
   A．整型、实型、字符型和逻辑型　　　　B．整型、实型、字符型和结构体
   C．整型、实型、字符型和枚举型　　　　D．整型、实型、字符型和指针型
2. 下列算术运算符中，只能用于整型数据的是（　　）。
   A．-　　　　　B．+　　　　　C．/　　　　　D．%
3. 若已定义 x 和 y 为 double 类型，则表达式 x=1, y=x+3/2 的值是（　　）。
   A．1.0　　　　B．1.5　　　　C．2.0　　　　D．2.5
4. 已知整型变量 a=10，则执行完语句 a+=a-=a*a; 后 a 的值是（　　）。
   A．20　　　　　B．0　　　　　C．-80　　　　D．-180
5. C语言中，定义 PI 为一个符号常量，下列正确的是（　　）。
   A．#define PI 3.14　　　　　　　　B．define PI 3.14
   C．#include PI 3.14　　　　　　　D．include PI 3.14
6. 以下正确的整型变量说明是（　　）。
   A．INT x;　　　B．int x;　　　C．x INT;　　　D．x int;
7. 现已定义 int i=1;，执行循环语句 while(i++<5); 后 i 的值为（　　）。
   A．1　　　　　B．5　　　　　C．6　　　　　D．7
8. 下列表达式中，（　　）可以正确表示 y<=0 或 y>=1 的关系。
   A．(y>=1)&&(y<=0)　B．y>1||y<=0　C．y>=1.or.y<=0　D．y>=1||y<=0
9. C语言程序的三种基本结构是（　　）。
   A．顺序结构、选择结构、循环结构　　　B．递归结构、循环结构、转移结构
   C．嵌套结构、递归结构、顺序结构　　　D．循环结构、转移结构、顺序结构
10. 下述语句中，（　　）中的 if 语句是错误的。
    A．if(x>y);
    B．if(x==y) x+y;
    C．if(x!=y) scanf("%d",&x) else scanf("%d",&y);
    D．if(x<y) {x++;y++;}
11. 关于下面程序段的说法，正确的是（　　）。

```
int a=-2L;
printf("%d\n",a);
```

A．赋值不合法　　　B．输出值为 –2　　　C．输出为不确定值　　　D．输出值为 2

12．下面关于 switch 语句和 break 语句的结论中，只有（　　）是正确的。

A．break 语句是 switch 语句中的一部分

B．在 switch 语句中可以根据需要使用或不使用 break 语句

C．在 switch 语句中必须使用 break 语句

D．以上三个结论都不正确

13．当执行以下程序段时，（　　）。

```
y =-1 ;
do {y--;} while(--y);
printf("%d\n",y--);
```

A．循环体将执行一次　　　　　　　　　B．循环体将执行两次

C．循环体将执行无限次　　　　　　　　D．系统将提示有语法错误

14．当 c 的值不为 0 时，下列选项能正确将 c 的值赋给变量 a 和 b 的是（　　）。

A．c=b=a;　　　　　　　　　　　　　　B．(a=c) ‖ (b=c);

C．(a=c)&&(b=c);　　　　　　　　　　D．a=c=b;

15．若有如下程序段，其中 s、a、b、c 均已定义为整型变量，且 a、c 均已赋值（c＞0），则与上述程序段功能等价的赋值语句是（　　）。

```
s=a; for(b=1;b<=c;b++) s=s+1;
```

A．s=a+b;　　　　B．s=a+c;　　　　C．s=s+c;　　　　D．s=b+c;

16．若有说明语句：int a,b,c,*d=&c;，则能正确从键盘读入三个整数分别赋给变量 a、b、c 的语句是（　　）。

A．scanf("%d%d%d",&a,&b,&d);　　　　B．scanf("%d%d%d",&a,&b,d);

C．scanf("%d%d%d",a,b,d);　　　　　　D．scanf("%d%d%d",a,b,*d);

17．下面对于求两整数之和的函数 myfun() 的定义，正确的是（　　）。

A． `double myfun(int x,int y)`
　　`{ z=x+y;  return z; }`

B． `myfun(int x,y)`
　　`{ int z;  return z; }`

C． `myfun(int x,int y)`
　　`{ double z;`
　　`  z = x+y; return z; }`

D． `double myfun(x, y)`
　　`{ double z;`
　　`  z = x+y; return z; }`

18．在 C 语言程序中，下面描述正确的是（　　）。

A．函数的定义可以嵌套，但函数的调用不可以嵌套

B．函数的定义不可以嵌套，但函数的调用可以嵌套

C．函数的定义和函数调用都可以嵌套

D．函数的定义和调用都不可以嵌套

19．如果在一个函数的复合语句中定义了一个变量，则该变量（　　）。

A．只在该复合语句中有效　　　　　　　B．在该函数中任何位置都有效

C．定义错误，因不能在其中定义变量　　D．在本程序的源文件范围内均有效

20．在定义函数时若没有明确指定类型标识符，则函数返回值的类型为（　　）。

A．char 型　　　　　　B．int 型　　　　　　C．没有返回值　　　D．无法确定

21．指针是一种（　　　）。
A．标识符　　　　　　B．变量　　　　　　　C．内存地址　　　　D．运算符

22．显示指针变量 p 中的值，可以使用命令（　　　）。
A．printf("%d",&p);　　　　　　　　　B．printf("%d",*p);
C．printf("%p",*p);　　　　　　　　　D．printf("%p",p);

23．若有定义 int a[]={1,2,0};，那么 a[a[a[0]]] 的值是（　　　）。
A．0　　　　　　　　　B．1　　　　　　　　　C．2　　　　　　　　D．3

24．若结构类型变量 x 的初值为 {"20",30,40,35.5}，那么合适的结构定义是（　　　）。
A．struct s {int no; int x,y,z;};　　　　B．struct s {char no[3]; int x,y,z;};
C．struct s {int no; float x,y,z;};　　　D．struct s {char no[3];float x,y,z;};

25．下面各选项中能正确实现打开文件的操作是（　　　）。
A．fp=fopen(c:mydir\info.dat, "r")　　　B．fp=fopen(c:\mydir\info.dat, "r")
C．fp=fopen("c:\mydir\info.dat", "r")　　D．fp=fopen("c:\\mydir\\info.dat", "r")

试题二、程序阅读选择题（每选项 3 分，共 45 分）。按各小题的要求，从提供的候选答案中选择一个正确的，并把所选答案的字母填入答卷纸的对应栏内。

1．以下程序段的执行结果为　(1)　。

```
#include <stdio.h>
#define  PLUS(A,B)   A+B
int main()
{   int a=2,b=1,c=4,sum;
    sum=PLUS(a++,b++)/c;
    printf("Sum=%d\n",sum);
    return 0;
}
```

（1）A．Sum=1　　　B．Sum=0　　　C．Sum=2　　　D．Sum=4

2．下面程序的功能是：计算 1～10 之间（不含 10）奇数之和及偶数之和，请填空。

```
#include <stdio.h>
int main()
{   int a=0,b=0,i;
    for(i=0;i<10;i+=2) {a=  (2)  ; b=  (3)  ;}
    printf(" 偶数和为:%d,奇数和为:%d\n",a,b);
}
```

（2）A．a+i　　　　B．a+i+1　　　C．a+i-1　　　D．a+1
（3）A．b+i　　　　B．b+i+1　　　C．b+i-1　　　D．b+1

3．以下程序的功能是计算 $s = \sum_{k=0}^{n} k!$，补足所缺语句。

```
#include <stdio.h>
long fun(int n)
{   int i;long m;
    m=  (4)  ;
    for(i=1;i<=n;i++)m=  (5)  ;
    return m;
```

```
}
int main()
{   long m;int k,n;
    scanf("%d",&n);
    m= (6) ;
    for(k=0;k<=n;k++)m=m+ (7) ;
    printf("%ld \n",m);
}
```

（4）A．0　　　　　B．1　　　　　C．n　　　　　D．i
（5）A．i+n　　　　B．i*n　　　　C．i+m　　　　D．i*m
（6）A．0　　　　　B．1　　　　　C．n　　　　　D．k
（7）A．fun(n)　　　B．n!　　　　C．fun(k)　　　D．k!

4．打印出以下的杨辉三角形（要求打印 10 行）

```
1
1   1
1   2   1
1   3   3   1
1   4   6   4   1
1   5  10  10   5   1
```

下面程序的编程思路为：使用数组保存每行数据，两行数据之间有变化规律，即下一行的元素等于上一行对应位置元素加上其左边的位置元素，最后位置上的元素没有对应的上一行元素，可以直接放 1。

```
#include <stdio.h>
#define N 10
int main()
{   int i,j,a[N][N];
    for(i=1;i<N;i++)
    {   a[i][1]=1;
         (8) ;}
    for(i= (9) ;i<N;i++)
        for(j=2;j<=i-1;j++)
            a[i][j]= (10) ;
    for(i=1;i<N;i++)
    {   for(j=1;j<=i;j++)  printf("%6d",a[i][j]);
         (11) ;  }
    return 0;
}
```

（8）A．a[i][i]=1　　B．a[i][0]=0　　C．a[0][i]=1　　D．a[1][i]=0
（9）A．2　　　　　B．3　　　　　C．4　　　　　D．5
（10）A．a[j-1][i]　　　　　　　　　B．a[i][j+1]
　　　C．a[i-1][j-1]-a[i-1][j]　　　　D．a[i-1][j-1]+a[i-1][j]
（11）A．printf("%t")　　　　　　　B．printf("\b")
　　　C．printf("\n")　　　　　　　D．printf("%n")

5．下面程序的功能是：将字符数组 a 中下标值为偶数的元素从小到大排列，其他元素不变。

```
#include <stdio.h>
#include <string.h>
int main()
{   char a[]="computera",t;
    int i,j,k;
    k=___(12)___;
    for(i=0;i<=k-2;i+=2)
        for(j=i+2;j<=k;__(13)__)
            if(___(14)___)
            { t=a[i];a[i]=a[j];___(15)___;}
    puts(a);
    printf("\n");
    return 0;
}
```

（12）A．len(a)　　　　B．strlen(a)　　　　C．len(a[0])　　　　D．strlen(a[0])
（13）A．j++　　　　　B．j+2　　　　　　C．j=j+1　　　　　D．j=j+2
（14）A．a[i]<a[j]　　　B．a[i]>a[j]　　　　C．a[i]>a[k]　　　　D．a[i]<a[k]
（15）A．t=a[j]　　　　B．t=a[i]　　　　　C．a[j]=t　　　　　D．a[i]=t

试题三、程序设计题（每题 15 分，共 30 分）

1. 从键盘上输入一个正整数 n，要求 1≤n≤10，显示 n 行由大写字母 A 开始的、顺序递增排列的倒三角形图案。例如，当 n=8 时，运行结果如下：

A B C D E F G
H I J K L M
N O P Q R
S T U V
W X Y
Z A
B

注意：输入的 n 既表示要显示的倒三角形的行数，也指定了第一行要显示的字母个数；如果下一个要显示的字母超过了字母 Z，则重新从字母 A 开始。

2. 随机产生十个两位的正整数，编程计算并显示这批随机整数中的最大值和最小值，并显示所有随机整数的平均值。

第二部分：上机部分（总分40分）

试题四、程序改错题（20 分）

下面程序中的函数 fun() 用于统计字符串 s 中各个元音字母（即 A、E、I、O、U）的个数，注意在统计过程中，遇到某个元音字母大写（或小写），都放在一块儿统计，不单独区分大写或者小写。例如，若输入 This IS a bOok，则输出结果为 1，0，2，2，0，分别表示 A、E、I、O 和 U 所出现的次数。

现在程序中发现有两个错误，请找出错误并将错误改正过来，使程序能正确运行。要求在调试过程中不能改变程序结构，更不能增加（或者删除）语句。

```
#include <stdio.h>
#include <conio.h>
void fun(char *s,int *num)
{
    int k;
    for(k=0;k<5;k++)
        num[k]=0;
    for(;*s;s++)
        switch(s)
        {   case 'a':case 'A':{num[0]++;break;}
            case 'e':case 'E':{num[1]++;break;}
            case 'i':case 'I':{num[2]++;break;}
            case 'o':case 'O':{num[3]++;break;}
            case 'u':case 'U':{num[4]++;break;}
        }
}
int main()
{
    char s[81]; int num[5],k;
    printf("\nPlease enter a string: \n");
    gets(s);
    fun(s,num);
    for(k=1;k<5;k++) printf("%d,",num[k]);
}
```

试题五、程序填空题（20分）

所谓同构数，是指一个正整数又会出现在它的平方值的右侧。例如，5的平方是25，且5出现在25的右侧，因此5是一个同构数。类似地，我们可以推算出6、25和76都是同构数。

下面程序的功能是从键盘输入一个不大于100的正整数，判断该数是否是同构数。函数 fun(x) 的功能是判断x是否是同构数，若x是同构数，则函数返回值为1，否则返回0。

现在的程序是一个不完整的程序，请在下划线空白处将其补充完整，以便得到正确的答案，但不得增删原来的语句。

```
#include <conio.h>
#include <stdio.h>
int fun(int x)
{   int k,m=1000;
    int x2=x*x;
    if(x<10)  m=10;
    else  if(x<100) m=100;
    for(k=0;k*m+x<=x2;k++)
        if(k*m+x==x2)_____(1)_____;
    return 0;
}
int main()
{   int x;
    printf("\n Please enter x:");
    scanf("%d",&x);
    if(x>100) {printf("Input error. \n"); return; }
```

```
        printf("%d %s\n",x,_____(2)_____?"Yes":"No");
        return 0;
}
```

模拟试题（一）参考答案

第一部分：笔试部分（总分100分）

试题一、语言基础选择题（每小题1分，共25分）

1. C   2. D   3. C   4. D   5. A   6. B   7. C   8. D   9. A
10. C 11. B 12. B 13. C 14. C 15. B 16. B 17. C 18. B
19. A 20. B 21. C 22. D 23. A 24. D 25. D

试题二、程序阅读选择题（每选项3分，共45分）

（1）C （2）A （3）B （4）B （5）D （6）A （7）C （8）A
（9）A （10）D （11）C （12）B （13）D （14）B （15）C

试题三、程序设计题（每题15分，共30分）

1. 源程序如下：

```c
#include <stdio.h>
int main()
{
    int i,j,n;
    char ch='A';
    do
    {   printf("Enter a positive integer N (0<N<11): ");
        scanf("%d",&n);
    }while(!(n>0 && n<11));        /* 确保n值合法 */
    for(i=1;i<=n;i++)
    {   for(j=1;j<=n-i+1;j++)
        {   printf("%2c",ch);
            ch++;                   /* 顺序产生下一个字母 */
            if(ch>'Z')ch='A';       /* 若超过字母Z，则重新从A开始 */
        }
        printf("\n");
    }
    return 0;
}
```

2. 源程序如下：

```c
#include <stdio.h>
#include <stdlib.h>
#include <time.h>
int main()
{
    int a[10],i,max,min,sum;
    srand((unsigned)time(NULL));    /* 随机数种子发生器 */
```

```
    for(i=0;i<10;i++)
    {   a[i]=rand()%90+10;      /* 产生两位随机的正整数 */
        printf("%d, ",a[i]);
    }
    printf("\n");
    max=min=sum=a[0];
    for(i=1;i<10;i++)
    {   if(max<a[i]) max=a[i];
        if(min>a[i]) min=a[i];
        sum+=a[i];
    }
    printf("max=%d,min=%d,average=%f\n",max,min,sum/10.0f);
}
```

提示：假设 a 和 b 都是正整数，且 a<b，如果想产生位于区间 [a,b] 之间的随机整数，公式为 rand()%(b-a+1)+a。

第二部分：上机部分（总分40分）

试题四、程序改错题（20分）

```
#include <stdio.h>
#include <conio.h>
void fun(char *s,int *num)
{
    int k;
    for(k=0;k<5;k++)
        num[k]=0;
    for(;*s;s++)
        switch(*s)      /* 修改的第1处错误，此处改为 switch(s[k]) 也正确 */
        {   case 'a':case 'A':{num[0]++;break;}
            case 'e':case 'E':{num[1]++;break;}
            case 'i':case 'I':{num[2]++;break;}
            case 'o':case 'O':{num[3]++;break;}
            case 'u':case 'U':{num[4]++;break;}
        }
}
int main()
{   char s[81]; int num[5], k;
    printf("\nPlease enter a string: \n");
    gets(s);
    fun(s,num);
    for(k=0;k<5;k++)
        printf("%d,",num[k]);  /* 修改的第2处错误 */
    return 0;
}
```

试题五、程序填空题（20分）

（1）return 1;   （2）fun(x)

模拟试题（二）

第一部分：笔试部分（总分100分）

试题一、语言基础选择题（每小题1分，共25分）。按各小题的要求，从提供的候选答案中选择一个正确的，并把所选答案的字母填入答卷纸的对应栏内。

1. 下列符号中不属于转义字符的是（　　）。
   A. '\\'　　　　　B. '\x00'　　　　C. '\00'　　　　D. '\09'
2. 下列符号中不属于 C 语言保留字的是（　　）。
   A. if　　　　　B. then　　　　　C. static　　　　D. for
3. 下列符号串中属于 C 语言合法标识符的是（　　）。
   A. else　　　　B. a–2　　　　　C. _00　　　　　D. 12_3
4. 下列说法中正确的是（　　）。
   A. 主函数名 main 是由程序设计人员按照"标识符"的命名规则来选取的
   B. 分号和回车符都可以作为语句的结束符号
   C. 在程序清单的任何地方都可以插入一个或多个空格符号
   D. 程序的执行总是从主函数 main() 开始的
5. 假设下面语句中出现的变量都是 int 类型的，则屏幕显示的结果是（　　）。

```
sum=pad=5;
pad=sum++,pad++,++pad;
printf("%d\n",pad);
```

   A. 7　　　　　B. 6　　　　　C. 5　　　　　D. 4
6. 下面程序段的输出结果是（　　）。

```
int i=010,j=10;
printf("%d,%d\n",++i,j--);
```

   A. 11,10　　　B. 9,10　　　　C. 010,9　　　　D. 10,9
7. 不属于结构化程序设计思想的是（　　）。
   A. 模块化　　　B. 逐步求精　　　C. goto 控制　　　D. 自顶向下
8. 在 C 语言中 short 类型数据在内存中占 2 个字节，则 unsigned short 的取值范围是（　　）。
   A. 0～65535　　　　　　　　　B. 0～32767
   C. –32767～32768　　　　　　D. –32768～327687
9. 设有语句：

```
int a=7;
float x=2.5f,y=4.7f;
```

   则表达式 x + a % 3 * (int) (x + y) %2/4 的值是（　　）。
   A. 2.750000　　B. 4.500000　　C. 3.500000　　D. 2.500000
10. 关于表达式"2>1>0?3>2>1:4>3>2?5>4>3:6>5>4"的描述，正确的是（　　）。
    A. 表达式语法错　　　　　　　B. 表达式的值为 0
    C. 表达式的值为 1　　　　　　D. 表达式的值为 –1

11. 假设 a 是一个三位的正整数，自左而右各个数位上的数字分别是 x、y、z。若用 C 语言表示 a 的大小，以下描述正确的是（　　）。
    A. x*100+y*10+z   B. x×100+y×10+z
    C. xyz   D. zyx
12. 下列表达式中，最后执行的运算不是逗号运算的是（　　）。
    A. a=b,c   B. a,b=c   C. a=(b,c)   D. a,(b=c)
13. 以下说明中的标识符 ptr 是（　　）。

```
int (*ptr)[10];
```

    A. 具有 10 个整型元素的数组
    B. 指向具有 10 个整型元素数组的指针变量
    C. 具有 10 个函数指针的数组
    D. 具有 10 个指针元素的数组，它的每个元素都能指向整型变量
14. C 语言中 while 与 do…while 的主要区别是（　　）。
    A. do…while 的循环体至少无条件执行一次
    B. while 的循环控制条件比 do…while 的要严格
    C. do-while 的循环体不能是复合语句
    D. 即使 while 的循环条件不成立，循环体也会执行一次
15. 设有以下语句：

```
int x=3,y=4,z=5;
```

    则下面表达式中值为 0 的是（　　）。
    A. 'x'&&'y'   B. x‖y+z&&y-z   C. !((x<y)&&!z‖1)   D. x<=y
16. 表达式 sizeof(double) 的含义是（　　）。
    A. 一次函数调用   B. 一个整型的表达式
    C. 一个实型的表达式   D. 一个不合法的表达式
17. 下列有关 do…while 语句的描述，正确的是（　　）。
    A. do…while 语句构成的循环不能用 while 循环来改写
    B. do…while 语句构成的循环必须用 break 语句才能退出
    C. do…while 语句构成的循环中，当 while 后面表达式的值不为零时结束循环
    D. do…while 语句构成的循环中，当 while 后面表达式的值为零时结束循环
18. 设有以下语句：

```
char str[4][12]={"aaa","bbbb","ccccc","dddddd"},*strp[4];
int i;
for(i=0;i<4;i++)strp[i]=str[i];
```

    对字符串不能正确引用的是（　　），其中 0≤k<4。
    A. strp   B. str[k]   C. strp[k]   D. *str
19. 设有以下语句：

```
char str1[]="string",str2[8],*str3=str2,*str4="string";
```

    不能对库函数 strcpy() 进行正确调用的是（　　）。
    A. strcpy(str1,"hello1");   B. strcpy(str2,"hello2");

C．strcpy(str3,"hello3"); D．strcpy(str4,"hello4");

20．C 语言中形参默认的存储类型是（　　）。
A．自动（auto）　　B．静态（static）　　C．寄存器（register）　　D．外部（extern）

21．下列数组定义语句中正确的是（　　）。
A．int a[][]={1,2,3,4,5,6};
B．char a[2][3]='a','b';
C．int a[][3]={1,2,3,4,5,6};
D．static int a[][]={{1,2,3},{4,5,6}};

22．设有以下语句：
```
int x,*p=&x;
```
则下列表达式中错误的是（　　）。
A．*&x　　B．&*x　　C．*&p　　D．&*p

23．已知 int a[4][5]={0};，根据数组元素在内存中的存储规律，假设 a[0][0] 作为数组 a 的第 1 个元素，则第 8 个元素是（　　）。
A．a[7]　　B．a[0][8]　　C．a[1][2]　　D．a[1][3]

24．在下面有关函数间传递数据的四种方式中，不能把被调用函数的数据带回到主调函数中的是（　　）。
A．地址传递　　B．值传递　　C．返回值传递　　D．全局外部变量

25．设有以下语句：
```
struct xx {int x;};
struct yy {struct xx xxx;int yy;}xxyy;
```
则下列表达式中能正确表示结构类型 xx 中成员 x 的表达式是（　　）。
A．xxyy.x
B．xxyy->x
C．(&xxyy)->xxx.x
D．xx.x

试题二、程序阅读选择题（每选项 3 分，共 45 分）。按各小题的要求，从提供的候选答案中选择一个正确的，并把所选答案的字母填入答卷纸的对应栏内。

1．语句 printf("\\102\103"); 的输出结果是（　　）。
A．\\102\103　　B．\102C　　C．\BC　　D．102103

2．以下程序的输出结果是（　　）。
```
#include <stdio.h>
#include <string.h>
int main()
{   char str[12]={'s','t','r','i','n','g','\0'};
    printf("%d\n",strlen(str));
}
```
A．6　　B．7　　C．8　　D．12

3．以下程序的输出结果是（　　）。
```
#include <stdio.h>
int main()
{   int a=2, b=5;
    printf("a=%%d,b=%%d\n",a,b);
}
```

A. a=%2,b=%5　　　　　　　　　　B. a=2,b=5
C. a=%%d,b=%%d　　　　　　　　D. a=%d,b=%d

4. 以下程序的输出结果是（　　）。

```
#include <stdio.h>
int main()
{   int i;
    for(i=1;i<=5;i++)
    {   if(i % 2)  printf("*");else  continue;
        printf("#");
    }
    printf("$\n");
}
```

A. #*#*$　　　B. #*#*#*$　　　C. *#*#$　　　D. *#*#*#$

5. 以下 for 语句构成的循环共执行了（　　）次。

```
#include <stdio.h>
#define N 2
#define M N+1
#define NUM (M+1)*M/2
int main()
{   int i,n=0;
    for(i=1;i<=NUM;i++) { n++;printf("%d",n); }
    printf("\n");
}
```

A. 4　　　　　B. 6　　　　　C. 8　　　　　D. 9

6. 以下程序调用函数 findmax() 来求数组中最大元素所在的下标，程序中缺少的语句是（　　）。

```
#include <stdio.h>
void findmax(int *s,int t,int *k)
{   int p;
    for(p=0,*k=p; p<t; p++)
        if(s[p]>s[*k])_____;
}
int main()
{   int a[10],i,k;
    for(i=0;i<10;i++) scanf("%d",&a[i]);
    findmax(a,10,&k);
    printf("%d,%d\n",k,a[k]);
}
```

A. k=p　　　　B. *k=p-s　　　　C. k=p-s　　　　D. *k=p

7. 以下程序的输出结果是（　　）。

```
#include <stdio.h>
int main()
{   union {char c; char i[2];} z;
    z.i[0]=0x39; z.i[1]=0x36;
    printf("%c\n",z.c);
}
```

A. 0x39　　　　B. 9　　　　　C. 0x36　　　　D. 6

8. 设有以下程序：

```c
#include <stdio.h>
int main()
{   int c;
    while((c=getchar())!='\n')
    {   switch(c-'2')
        {   case 0:
            case 1: putchar(c+4);
            case 2: putchar(c+4); break;
            case 3: putchar(c+3);
            default: putchar(c+2); break;
        }
    }
    printf("\n");
}
```

程序运行时，如果输入以下数据 2473✓，则程序的输出结果是（   ）。
A. 668966   B. 668977   C. 66778777   D. 667789

9. 以下程序的输出结果是（   ）。

```c
#include <stdio.h>
int main()
{   int func(int a,int b);
    int k=4,m=1, p;
    p=func(k,m);
    printf("%d,",p);
    p=func(k,m);
    printf("%d\n",p);
}
int func(int a,int b)
{   static int m=0,i=2;
    i+=m+1;
    m=i+a+b;
    return (m);
}
```

A. 8,17   B. 8,16   C. 8,20   D. 8,8

10. 以下的四个程序中，（   ）不能对两个整型变量的值进行交换。

A.
```c
#include <stdio.h>
#include <malloc.h>
void swap(int *p,int *q);
int main()
{   int a=10, b=20;
    swap(&a,&b);
    printf("%d %d\n",a,b);
}
void swap(int *p,int *q)
{   int *t;
    t=(int *)malloc(sizeof(int));
    *t=*p,*p=*q,*q=*t;
    free(t);
}
```

B.
```c
#include <stdio.h>
void swap(int *p,int *q);
int main()
{   int a=10, b=20;
    swap(&a,&b);
    printf("%d %d\n",a,b);
}
void swap(int *p,int *q)
{   int t;
    t=*p,*p=*q,*q=t;
}
```

C.
```
#include <stdio.h>
void swap(int *p,int *q);
int main()
{   int x,y,*a=&x,*b=&y;
    *a=10, *b=20;
    swap(a,b);
    printf("%d %d\n",*a, *b);
}
void swap(int *p,int *q)
{   int *t;
    t=p,p=q,q=t;
}
```

D.
```
#include <stdio.h>
void swap(int *p,int *q);
int main()
{   int x=10,y=20,*a=&x,*b=&y;
    swap(a,b);
    printf("%d %d\n",*a, *b);
}
void swap(int *p,int *q)
{   int t;
    t=*p,*p=*q,*q=t;
}
```

11. 假设欲建立一个名为"data1.dat"的二进制数据文件，其中依次存放了以下四个单精度实数：-12.1、12.2、-12.3 和 12.4，程序中缺少的语句是（　　）。

```
#include <stdio.h>
int main()
{   FILE *fp;int i;
    float x[4]={-12.1f,12.2f,-12.3f,12.4f};
    if((fp=fopen("data1.dat","wb"))==NULL)
    {   printf("can not create the file.\n");
        exit(0);
    }
    for(i=0;i<4;i++) _____;
    fclose(fp);
}
```

A. fwrite(x[i],4,1,fp)　　　　B. fwrite(&x[i],4,1,fp)
C. fprintf(x[i],4,1,fp)　　　　D. fprintf(&x[i],4,1,fp)

12. 下列程序的功能是输入一个字符串且存入字符数组 a 中，然后将其中所有的字符 '\\' 删除后再存入字符数组 b 中，最后将字符数组 b 中的字符全部输出。程序中缺少的语句是（　　）。

```
#include <stdio.h>
int main()
{   char a[81],b[81],*p1=a,*p2=b;
    gets(p1);
    while(*p1!='\0')
        if(*p1=='\\') _____;else *p2++=*p1++;
    *p2='\0';
    puts(b);   }
```

A. p2=p1+1　　　B. p1-=1　　　C. p1+=1　　　D. p2=p1-1

13. 以下程序的输出结果是（　　）。

```
#include <stdio.h>
void sub1(char a,char b)
{   char c;c=a;a=b;b=c; }
void sub2(char *a,char b)
{   char c;c=*a;*a=b;b=c; }
```

```
void sub3(char *a,char *b)
{   char c;c=*a;*a=*b;*b=c; }
int main()
{   char a,b;
    a='A';b='B';
    sub3(&a,&b);putchar(a);putchar(b);
    a='A';b='B';
    sub2(&a,b);putchar(a);putchar(b);
    a='A';b='B';
    sub1(a,b);putchar(a);putchar(b);    }
```

A. BABBAB   B. ABBBBA   C. BABABA   D. BAABBA

14. 以下程序的输出结果是（   ）。

```
#include<stdio.h>
int main()
{   int a=1,b=10;
    do
    {   b-=a++;
    } while(b--<0);
    printf("a=%d,b=%d\n",a,b);    }
```

A. a=5, b=-3   B. a=2, b=9   C. a=5, b=-4   D. a=2, b=8

15. 以下程序的输出结果是（   ）。

```
#include <stdio.h>
#pragma pack(1)
typedef union
{   long i;
    int k[5];
    char c;
} DATA;
struct data
{   int a;
    DATA b;
    double c;
} too;
int main()
{   DATA max0;
    printf("%d\n",sizeof(struct data)+sizeof(max0));    }
```

A. 26   B. 52   C. 30   D. 8

试题三、程序设计题（每题 15 分，共 30 分）

1. 从键盘上输入一个十进制整数，然后输出它所对应的二进制整数。
2. 假设学生基本信息包括姓名（规定为 8 个字符的长度）、年龄、五门功课的单科成绩和平均成绩这四个方面内容。根据上述描述首先要求定义一个名为 struct info 的结构类型，然后从键盘上输入 30 个学生的基本信息，最后按平均成绩从高到低的顺序输出完整的结果。

第二部分：上机部分（总分40分）

试题四、程序改错题（20分）

下列程序中的函数 findstr() 用来返回字符串 s2 在字符串 s1 中第一次出现的首地址；如果字符串 s2 不是 s1 的子串，则该函数返回空指针 NULL。

现在程序中发现有两个错误，请找出错误并将错误改正过来，使程序能正确运行。要求在调试过程中不能改变程序结构，更不能增加（或者删除）语句。

```c
#include <stdio.h>
#include <string.h>
char *findstr(char *s1,char *s2)
{   int i,j,ls1,ls2;
    ls1=strlen(s1);
    ls2=strlen(s2);
    for(i=0;i<=ls1-ls2;i++)
    {   for(j=0;j<ls2;j++) if(s1[j+i]!=s2[j])  break;
        if(j==ls2)  return(s1+j);
    }
    return NULL;
}
int main()
{   char *a="dos6.22 windows10 office2016",*b="windows",c;
    c=findstr(a,b);
    if(c!=NULL)printf("%s\n",c);
    else printf(" 未找到字符串 %s\n",b);
}
```

试题五、程序填空题（20分）

下面的程序首先定义了一个结构体变量（包括年、月、日），然后从键盘上输入任意的一天（包括年月日），最后计算该日是当年中的第几天，此时要考虑闰年问题。

现在的程序是一个不完整的程序，请在下划线空白处将其补充完整，以便得到正确的答案，但不得增删原来的语句。

```c
#include <stdio.h>
struct datetype
{   int year;
    int month;
    int day;
}date;
int main()
{   int i,daysum;
    int daytab[13]={0,31,28,31,30,31,30,31,31,30,31,30,31};
    printf(" 请输入年、月、日 :\n");
    scanf("%d,%d,%d", &date.year, &date.month, &date.day);
    daysum=0;
    for(i=1;i<date.month;i++)  daysum+=daytab[i];
    _____(1)_____ ;
    if((date.year%4==0 && date.year %100 !=0||date.year%400==0) &&
    _____(2)_____
```

```
            daysum+=1;
        printf("%d月%d日是%d年的第 %d天 \n",date.month,date.day,date.year,
daysum);
}
```

模拟试题（二）参考答案

第一部分：笔试部分（总分100分）

试题一、语言基础选择题（每小题1分，共25分）

1．D   2．B   3．C   4．D   5．C   6．B   7．C   8．A   9．D
10．B   11．A   12．C   13．B   14．A   15．C   16．B   17．D   18．A
19．D   20．A   21．C   22．B   23．C   24．B   25．C

试题二、程序阅读选择题（每选项3分，共45分）

1．B   2．A   3．D   4．D   5．C   6．D   7．B   8．B
9．A   10．C   11．B   12．C   13．A   14．D   15．B

试题三、程序设计题（每题15分，共30分）

1. 源程序如下：

```c
#include <stdio.h>
int main()
{   unsigned short n;     /*n为输入的十进制整数，转换后的二进制结果存放在数组b中*/
    int b[16],k,r;
    for(k=0;k<16;k++)    b[k]=-1;              /* 结果数组赋初值 */
    printf("input a data:\n");
    scanf("%d",&n);
    printf("(%d)10=(",n);
    k=0;
    do
    {   r=n%2;
        b[k++]=r;
        n/=2;
    }while(n);
    for(k=15;k>=0;k--)                          /* 输出转换后的结果 */
        if(b[k]!=-1)printf("%d",b[k]);
    printf(")2\n");
}
```

2. 源程序如下：

```c
#define N 30
#include <stdio.h>
struct info{                                    /* 定义学生基本信息类型 */
    char name[9];
    int age;
    int score[5];
    float aver;
```

```c
};
void swap(struct info *x,struct info *y);
int main()
{   struct info a[N];
    int i,j,k;
    for(i=0;i<N;i++)                          /*输入初始数据*/
    {   scanf("%s",a[i].name);scanf("%d",&a[i].age);
        a[i].aver=0;
        for(j=0; j<5;j++)
        {   scanf("%d",&a[i].score[j]);
            a[i].aver+=a[i].score[j]/5.0;
        }
    }
    for(i=0;i<N-1;i++)                        /*排序*/
    {   k=i;
        for(j=i+1;j<N;j++)
            if(a[j].aver>a[k].aver) k=j;
        swap(a+i,a+k);                         /*两条数据互换*/
    }
    for(i=0;i<N;i++)                          /*输出排序结果*/
    {   printf("%s,%4d",a[i].name,a[i].age);
        for(j=0;j<5;j++) printf("%4d ",a[i].score[j]);
        printf("%6.1f\n",a[i].aver);
    }
}
/*交换数据*/
void swap(struct info *x,struct info *y)
{   struct info temp;
    temp=*x;*x=*y;*y=temp;
}
```

第二部分：上机部分（总分40分）

试题四、程序改错题（20分）

修改后的正确程序如下：

```c
#include <stdio.h>
#include <string.h>
char *findstr(char *s1,char *s2)
{
    int i,j,ls1,ls2;
    ls1=strlen(s1);
    ls2=strlen(s2);
    for(i=0;i<=ls1-ls2;i++)
    {   for(j=0;j<ls2;j++) if(s1[j+i]!=s2[j]) break;
        if(j==ls2)return(s1+i);               /*修改的第1处错误*/
    }
    return NULL;
}
int main()
{   char *a="dos6.22windows2000officeXP",*b="windows",*c;
```

```
                                              /* 修改的第 2 处错误 */
    c=findstr(a,b);
    if(c!=NULL)   printf("%s\n",c);
    else printf(" 未找到字符串 %s\n",b);   }
```

试题五、程序填空题（20 分）

（1）day_sum+=date.day　　　　　　（2）date.month>=3 或 date.month>2

模拟试题（三）

第一部分：笔试部分（总分100分）

试题一、语言基础选择题（每小题1分，共25分）。按各小题的要求，从提供的候选答案中选择一个正确的，并把所选答案的字母填入答卷纸的对应栏内。

1. C 语言中规定复合语句用一对（　　）括起来。
   A．方括号　　　　B．小括号　　　　C．花括号　　　　D．尖括号
2. 下列变量中（　　）不是 C 语言的合法变量。
   A．ab#　　　　　B．_leap　　　　　C．b12　　　　　　D．Temp_
3. 下列语句中不正确的是（　　）。
   A．x=y=3;　　　　B．x=3: y=3;　　　C．int x,y;　　　　D．x=3, y=3;
4. 下组数中，两个数相等的那一个组数是（　　）。
   A．0123，123　　B．0123，0x123　　C．0123，83　　　D．0x123，83
5. 在 C 语言的源程序中，main() 函数的位置（　　）。
   A．必须在程序的最开始部分　　　　B．必须在系统调用的库函数的后面
   C．可以任意选择　　　　　　　　　D．必须在程序的最后
6. 在 Visual C++ 中，short 型数据在内存中占 2 个字节，long 型数据占（　　）个字节。
   A．8　　　　　　B．4　　　　　　　C．2　　　　　　　D．1
7. 表达式 20/3 的值是（　　）。
   A．7　　　　　　B．6.67　　　　　C．6.666667　　　　D．6
8. char 型数据在内存中以（　　）形式存放。
   A．ASCII 码　　　B．Unicode 编码　　C．字符串　　　　　D．BCD 码
9. 定义函数中的变量时，省略了存储类型符，系统将默认该变量为（　　）。
   A．static　　　　B．register　　　　C．auto　　　　　　D．FILE
10. 以下叙述中错误的是（　　）。
    A．函数中定义的变量，在函数执行之前就存在
    B．函数中的形式参数是局部变量
    C．在不同函数中可以使用相同名字的变量
    D．在一个函数内定义的变量只能在本函数范围内有效
11. 设有如下定义：

```
short int m, n, a, b, c;
m=n=a=b=c=0;
```

则执行语句 (m=a==b) || (n=c==b); 之后，m 和 n 的值分别是（　　）。
 A. 0,0   B. 0,1   C. 1,0   D. 1,1

12. 在定义函数时，函数返回值类型可以省略不写，此时的默认类型为（　　）。
 A. int   B. float   C. double   D. void

13. 表达式 "0 ? 2.0, 3/2:0==3>2 ? 55 : 6.0, 4%3" 的结果是（　　）。
 A. 1.333333   B. 1   C. 6.0   D. 1.5

14. 下列程序段执行后，x 和 y 的值分别是（　　）。
```
int x=1,y=1;
if(x=2) y=3; else y=4;
```
 A. 1, 1   B. 2, 3   C. 1, 4   D. 2, 4

15. 下列语句序列执行后，x 和 y 的值分别是（　　）。
```
int x=1,y=1;
if(0)if(1)x=2;else y=3;
```
 A. 1, 1   B. 2, 3   C. 2, 1   D. 1, 3

16. 对变量作用域描述正确的是（　　）。
 A. 仅限于本文件   B. 只和变量的类型有关
 C. 和程序运行的过程有关   D. 取决于变量定义的位置和存储类型

17. 对一维数组 a 进行正确初始化的语句是（　　）。
 A. int a[10]=(0,0,0,0,0);   B. int a[10]={ };
 C. int a[]={0};   D. int a[10]={10*1};

18. 已知 int x,y;，则语句组 "x+=y; y=x-y; x-=y;" 的功能是（　　）。
 A. 把 x 和 y 按升序排列   B. 把 x 和 y 按降序排列
 C. 结果依赖于具体的 x 和 y 的值   D. 交换 x 和 y 的值

19. C 语言程序的三种基本结构是（　　）。
 A. 顺序、循环、子程序   B. 选择、递归、循环
 C. 顺序、选择、循环   D. 嵌套、选择、循环

20. 针对下面的联合类型定义，叙述正确的是（　　）。
```
union Mytype
{   int i;
    char c;
    float f;
}a;
```
 A. a 所占的内存空间长度等于成员 f 的内存长度
 B. a 的地址和它的各成员的地址不同
 C. a 可以作为函数参数
 D. 不能对 a 赋值，但可以在定义 a 时对它初始化

21. 下列语句序列执行后的正确结果是（　　）。
```
char s[5]={'a','b','\0','c','\0'};
printf("%s", s);
```
 A. 'a''b'   B. ab   C. ab c   D. ab\0c\0

22. 语句 int *ptr[3]; 中定义的变量 ptr 是（   ）。
A．一个指向函数的指针
B．一个指向整型变量的指针
C．一个指向包含了 3 个整型元素的一维数组的指针
D．一个指针数组名，其中每个数组元素都是一个指向整型变量的指针
23. 已知 char s[10];，则不能表示 s[1] 地址的选项是（   ）。
A．s+1   B．s++   C．&s[0]+1   D．&s[1]
24. 函数调用语句 fun((m1,m2),(m3,m4,m5),m6) 中包含了（   ）个实际参数。
A．1   B．3   C．5   D．6
25. 若已定义：
```
int a[]={0,1,2,3,4,5,6,7,8,9}, *p=a,i;
```
假设 0≤i≤9，则对 a 数组元素不正确的引用是（   ）。
A．a[p-a]   B．&a[i]   C．p[i]   D．*(*(a+i))

试题二、程序阅读选择题（每选项 3 分，共 45 分）。按各小题的要求，从提供的候选答案中选择一个正确的，并把所选答案的字母填入答卷纸的对应栏内。

1. 下述程序的运行结果是（   ）。
```
#include <stdio.h>
int main()
{   int x=10,y=10;
    printf("%d,%d\n",x--,--y);
    return 0;  }
```
A．10,10   B．10,9   C．9,9   D．9,10

2. 下述程序的运行结果是（   ）。
```
#include <stdio.h>
#define M 3
#define N M+1
#define NN N*N/2
int main()
{   printf("%d\n",NN);
    return 0;  }
```
A．3   B．4   C．6   D．8

3. 下述程序的运行结果是（   ）。
```
#include <stdio.h>
int fun(int a);
int main()
{   int a=2,i;
    for(i=0;i<3;i++)   printf("%2d",fun(a));
    return 0;
}
int fun(int a)
{   int b=1;
    static int c=1;
    b++;
```

```
    c++;
    return (a+b+c);
}
```

A. 4 5 6   B. 6 6 6   C. 5 6 7   D. 6 7 8

4. 下述程序的运行结果是(　　)。

```
#include <stdio.h>
int main()
{   int a=1,b=6,c=4,d=2;
    switch(a++)
    {   case 1: c++;d++;
        case 2: switch(++b)
            {   case 7: c++;
                case 8: d++;
            }
        case 3: c++; d++; break;
        case 4: c++; d++;
    }
    printf("%d,%d\n",c,d);
    return 0;
}
```

A. 5,3   B. 7,5   C. 8,6   D. 4,2

5. 下述程序的运行结果是(　　)。

```
#include <stdio.h>
int main()
{   int i;
    for(i=0;++i;i<9)
    {
        if(i==3){printf("%d\n",i);break;}
        printf("%d ",++i);
    }
    return 0;
}
```

A. 2 3   B. 3 4   C. 0 1 2 3   D. 1 2 3

6. 下述程序的运行结果是(　　)。

```
#include <stdio.h>
int main()
{   char *alpha[6]={"ABCD","EFGH","IJKL","MNOP","QRST","UVWX"};
    char **p;int i;
    p=alpha;
    for(i=0;i<4;i++)  printf("%s",p[i]);
    printf("\n");
    return 0;  }
```

A. ABCDEFGHIJKL   B. ACEGIK
C. ABCDEFGHIJKLMNOP   D. AEIMQU

7. 下述程序的运行结果是(　　)。

```
#include <stdio.h>
```

```
int main()
{   static int a[]={1,2,3,4,5,6,7,8};
    int *p=a;
    *(p+3)+=2;
    printf("%3d%3d\n",*p,*(p+3));
    return 0;   }
```

A. 1 6　　　　　B. 1 5　　　　　C. 1 4　　　　　D. 1 3

8. 下述程序的运行结果是（　　）。

```
#include <stdio.h>
int main()
{   int a;
    printf("%d\n",(a=3*5,a*4,a+5));
    return 0;   }
```

A. 65　　　　　B. 20　　　　　C. 15　　　　　D. 10

9. 下述程序的运行结果是（　　）。

```
#include <stdio.h>
int fun(int a,int b);
int main()
{   int i=2,p;
    p=fun(i,i+1);
    printf("p=%d",p);
    return 0;
}
int fun(int a,int b)
{   int c=a;
    if(a>b)c=1; else if(a==b) c=0; else c=-1;
    return c;
}
```

A. p=-1　　　　B. p=0　　　　　C. p=1　　　　　D. p=2

10. 下述程序的运行结果是（　　）。

```
#include <stdio.h>
union p
{   int i;
    char c[2];
}x;
int main()
{   x.c[0]=13;
    x.c[1]=0;
    printf("%d\n", x.i);
    return 0;
}
```

A. 13　　　　　B. 130　　　　　C. 013　　　　　D. -13

11. 下述程序的运行结果是（　　）。

```
#include <stdio.h>
int main()
{   char a[]="language",*p=a;
```

```
        while(*p!='u')  { printf("%c",*p-32);  p++; }
    return 0;
}
```

A. LANGUAGE   B. language   C. LANG   D. langUAGE

12. 下述程序的运行结果是（　　）。

```
#include <stdio.h>
int main()
{   enum team{my,your=4,his,her=his+10};
    printf("%d,%d,%d,%d\n",my,your,his,her);
    return 0;  }
```

A. 0,1,2,3   B. 0,4,0,10   C. 0,4,5,15   D. 1,4,5,15

13. 下述程序的运行结果是（　　）。

```
#include <stdio.h>
int m=13;
int fun(int x,int y)
{   int m=3;
    return (x*y-m);
}
int main()
{   int a=7,b=5;
    printf("%d\n",fun(a,b)/m);
    return 0;
}
```

A. 1   B. 2   C. 7   D. 10

14. 下述程序的运行结果是（　　）。

```
#include <stdio.h>
void fun(int *x,int *y)
{   printf("%d %d ",*x,*y);
    *x=3; *y=4;
}
int main()
{   int x=1,y=2;
    fun(&y,&x);
    printf("%d %d ",x,y);
    return 0;
}
```

A. 1 2 1 2   B. 2 1 4 3   C. 2 1 1 2   D. 1 2 3 4

15. 下面程序的功能是（　　）。

```
#include <stdio.h>
int main()
{   FILE *point1,*point2;
    point1=fopen("file1.asc","r");
    point2=fopen("file2.asc","w");
    while(!feof(point1))
        fputc(fgetc(point1),point2);
    fclose(point1);
    fclose(point2);
```

```
        return 0;
}
```

A. 检查两个文件的内容是否相同
B. 判断两个文件是否一个为空而另一个不为空
C. 将文件 file1.asc 中的内容复制到文件 file2.asc 中
D. 将文件 file2.asc 中的内容复制到文件 file1.asc 中

试题三、程序设计题（每题 15 分，共 30 分）

1. 所谓水仙花数，是指这样一种三位数，该数的各个数位上数字的立方和等于它本身。例如，153 就是一个水仙花数，因为 1*1*1+5*5*5+3*3*3=153。试编程求出所有的水仙花数，并显示这些水仙花数的个数。

2. 所谓回文，是指这样一种字符串，在读取该字符串时，从左往右得到的结果与从右往左得到的结果是一样的。例如，"123321"、"madam"、"did" 这些字符串都是回文，而 "program"、"1234" 就不是回文。现在从键盘上输入一个字符串，请编程判断它是不是回文，是回文的显示 Yes，不是回文的显示 No。

第二部分：上机部分（总分40分）

试题四、程序改错题（20 分）

下面程序的功能是删除一维整型数组 a 中的下标为 i 的数组元素。程序中先后调用了 arrout() 和 arrdel() 两个自定义函数，其中函数 arrout() 用来输出数组中的全部元素，函数 arrdel() 进行所要求的删除运算。例如，删除前数组 a 有 10 个元素，分别是 { 21,22,23,24,25,26,27,28,29,30 }，此时，如果输入的被删元素下标为 5，则删除后的结果就是 { 21,22,23,24,25,27,28,29,30 }。

现在程序中发现有两个错误，请找出错误并将错误改正过来，使程序能正确运行。要求在调试过程中不能改变程序结构，更不能增加或者删除语句。

```
#include <stdio.h>
#define NUM 10
void arrout(int w,int m)
{   int k;
    for(k=0;k<m;k++)printf("%4d",w[k]);
    printf("\n");
}
arrdel(int *w,int n,int k)
{   int i;
    for(i=k;i<n-1;i++)w[i+1]=w[i];
    n--;
    return n;
}
int main()
{   int n,i,a[NUM]={21,22,23,24,25,26,27,28,29,30};
    n=NUM;
    printf("Output the original data:\n");
    arrout(a,n);
    printf("Enter the index (0<=i<=%d):",n-1);
```

```
    scanf("%d",&i);
    n=arrdel(a,n,i);
    printf("Output the data after delete:\n");
    arrout(a,n);
    return 0;
}
```

试题五、程序填空题（20分）

下面的程序用来验证"哥德巴赫猜想"，即任何一个不小于4的偶数都可以表示为两个素数的和，并且要求打印出所有的可能情况。例如：

4=2+2

18=5+13，18=7+11

48=5+43，48=7+41，48=11+37，48=17+31，48=19+29

现在程序是一个不完整的程序，请在下划线空白处将其补充完整，以便得到正确的答案，但不得增加或删除原来的语句。

```
#include <stdio.h>
int prime(int m)
{   int k;
    for(k=2;k<m;k++) if(    (1)    ) return 0;
    return 1;
}
int main()
{   int n,i;
    clrscr();
    do
    {
        printf("Input n: ");
        scanf("%d",&n);
    }while(n%2||n<4);
    for(i=2;i<=n/2;i++)
        if(prime(i) &&    (2)    ) printf("%d=%d+%d\n",n,i,n-i);
    return 0;
}
```

模拟试题（三）参考答案

第一部分：笔试部分（总分100分）

试题一、语言基础选择题（每小题1分，共25分）

1. C　2. A　3. B　4. C　5. C　6. B　7. D　8. A　9. C
10. A　11. C　12. B　13. B　14. B　15. A　16. D　17. C　18. D
19. C　20. A　21. B　22. D　23. B　24. B　25. D

试题二、程序阅读选择题（每选项3分，共45分）

1. B　2. C　3. D　4. B　5. A　6. C　7. A　8. B
9. A　10. A　11. C　12. C　13. B　14. B　15. C

试题三、程序设计题（每题 15 分，共 30 分）

1. 源程序如下：

```c
/* 求出所有的水仙花数 */
#include <stdio.h>
int main()
{   int k,n,a,b,c;
    n=0;                            /* 计数器 */
    for(k=100;k<1000;k++)
    {   a=k/100;                    /* 百位数字 */
        b=k%100/10;                 /* 十位数字 */
        c=k%10;                     /* 个位数字 */
        if(a*a*a+b*b*b+c*c*c==k)
        {   printf("%-5d",k);
            n++;
        }
    }
    printf("\nn=%d\n",n);
    return 0;
}
```

运行结果如下：

```
153  370  371  407
n=4
```

2. 源程序如下：

```c
#include <stdio.h>
#include <string.h>
/* 如果是回文返回 1,否则返回 0*/
int IsPalindrome(char *front)
{   char *rear;
    if(*front=='\0')  return 1;
    rear=front+strlen(front)-1;     /* 将指针 rear 定位到串的末尾 */
    while(*front==*rear && front++<rear--);
    if(front>=rear)
        return 1;
    else
        return 0;
}
int main()
{   char s[81];
    printf("Input a string:");
    gets(s);
    printf(IsPalindrome(s)?"Yes\n":"No\n");
}
```

运行结果如下：

```
Input a string:12321
Yes
```

第二部分：上机部分（总分40分）

试题四、程序改错题（20分）

修改后的正确程序如下：

```c
#include <stdio.h>
#define NUM 10
void arrout(int w[], int m)    /* 修改的第1处错误，int w[] 也可为 int *w*/
{   int k;
    for(k=0;k<m;k++) printf("%4d",w[k]);
    printf("\n");
}
arrdel(int *w,int n,int k)
{   int i;
    for(i=k;i<n-1;i++) w[i]=w[i+1];    /* 修改的第2处错误 */
    n--;
    return n;
}
int main()
{   int n,i,a[NUM]={21,22,23,24,25,26,27,28,29,30};
    n=NUM;
    printf("Output the original data:\n");
    arrout(a,n);
    printf("Enter the index (0<=i<=%d):",n-1);
    scanf("%d",&i);
    n=arrdel(a,n,i);
    printf("Output the data after delete:\n");
    arrout(a,n);
    return 0;
}
```

试题五、程序填空题（20分）

（1）m%k==0 或者 !(m%k)
（2）prime(n-i)==1 或者 prime(n-i) 或者 prime(n-i)!=0

参考文献

[1] 罗坚，徐文胜.C语言程序设计[M].4版.北京：中国铁道出版社，2016.
[2] 罗坚，李雪斌.C语言程序设计实验教程[M].2版.北京：中国铁道出版社，2016.
[3] 何钦铭.C语言程序设计[M].4版.北京：高等教育出版社，2020.
[4] 揭安全.高级语言程序设计：C语言版[M].北京：人民邮电出版社，2015.
[5] 谭浩强.C程序设计[M].5版.北京：清华大学出版社，2021.
[6] 苏小红.C语言程序设计[M].4版.北京：高等教育出版社，2019.